砌体工程施工质量验收规范培训讲座

张昌叙 主编

中国建筑工业出版社

图书在版编目（CIP）数据

砌体工程施工质量验收规范培训讲座/张昌叙主编.
北京：中国建筑工业出版社，2002
ISBN 7-112-05325-0

Ⅰ.砌... Ⅱ.张... Ⅲ.砌块结构—建筑工程
—工程验收—规范—基本知识—讲座 Ⅳ.TU754

中国版本图书馆 CIP 数据核字（2002）第 070708 号

砌体工程施工质量验收规范培训讲座
张昌叙 主编
*
中国建筑工业出版社出版、发行（北京西郊百万庄）
新 华 书 店 经 销
南海市彩印制本厂印刷
（广东省南海市桂城叠南）
*
开本：850×1168 毫米 1/32 印张：10 字数：270 千字
2002 年 10 月第一版 2002 年 10 月第一次印刷
印数：1—7,000 册 定价：**20.00** 元
ISBN 7-112-05325-0
F·419（10939）

本社网址：http://www.china-abp.com.cn
网上书店：http://www.china-building.com.cn

本书是依据新修订的《砌体工程施工质量验收规范》GB50203—2002编写的培训讲义。

内容包括：砌体规范修订情况概述，砌体规范主要内容讲解，检验批、分项工程及子分部工程质量验收，各检验批验收表格的填写要求，砌体工程强制性条文实施指南以及有关检测资料的相关内容等。

*　*　*

责任编辑　常　燕

主编：张昌叙

编审组人员：

桂业琨　张昌叙　徐有邻　侯兆欣　哈成德　孟小平
王　华　宋　波　钱大治　张耀良　陈凤旺　吴松勤
卫　明　薛绍祖

前　言

《砌体工程施工质量验收规范》GB50203—2002 已被国家批准为国家标准，自 2002 年 4 月 1 日起实施。同时，《砌体工程施工及验收规范》GB50203—98 废止。本规范是在我国工程建设质量验收规范体系作重大变革的情况下，根据“验评分离、强化验收、完善手段、过程控制”的十六字方针，吸收“施工及验收规范”和“质量验评标准”的相关内容，重新修订而成的。

《砌体工程施工质量验收规范》GB50203—2002 是一本应用广泛且用量很大的工程建设质量控制技术标准，它的贯彻实施，将对我国砌体工程质量的保证起决定性作用。

为使广大工程技术人员尽快了解和掌握本规范的内容，特编写此培训资料。

由于本规范综合性较强，涉及面较广，更限于编者编写水平，不当之处请同行批评指正。

编　者

目　录

第一章　砌体规范修订情况概述

第一节　砌体规范的发展情况

我国施工规范的建立和发展与工程技术的进步、实践经验的提高和社会对工程质量要求的提高是密切相关的。20 世纪 50 年代以来，工程建设的施工规范经历了由计划经济向市场经济转变的过程。在这一过程中，这些标准规范对保证工程建设的质量发挥了重要作用。但是，我们还必须看到，我国经济近 10 多年的快速发展，“施工及验收规范”和“施工质量检验评定标准”不适应社会需要的矛盾已日益显现出来，在此期间虽然对一部分“施工及验收规范”进行了修订，但从总体上来讲并没有从根本上解决一些固有的矛盾，它突出表现在：①施工单位按照施工类规范进行施工，质量监督机构按照验评标准进行监督检查，而这两类标准规范的内容又有矛盾，相互不协调，相互制约；②对质量合格指标设置不合理，检测手段应用不多，合格及优良工程的评定内容容易受人的主观影响；③标准规范技术内容落后，一些新技术、新工艺、新材料没能及时纳入；④与国际惯例不接轨。

众所周知，质量标准通常被认为是市场经济的通用语言。在国际上，工程质量都是通过或不通过质量验收，而不分质量等级。我国加入 WTO 以后，工程质量标准应与之适应，要有一定的前瞻性。因此，我国工程建设的施工规范应与时俱进，以适应全球经济一体化和市场经济的需求。

第二节　砌体规范的修订过程

根据建设部建标标〔2000〕87号文《关于印发二○○○年至二○○一年度工程建设国家标准制定、修订计划》的要求，由主编部门陕西省发展计划委员会负责，主编单位陕西省建筑科学研究设计院会同陕西省建筑工程总公司、四川省建筑科学研究院、天津市建工集团总公司、辽宁省建设科学研究院、山东省潍坊市建筑工程质量监督站等单位的6名工程技术人员组成规范编制组，历时一年多时间完成了新《规范》的编制工作。

在新《规范》的编制过程中，编制组的同志认真学习和贯彻建设部标准定额司提出的建立新工程质量施工标准规范体系的十六字方针，即"验评分离、强化验收、完善手段、过程控制"。这十六字方针的具体含义为：

1. 验评分离

将现行的验评标准中的质量检验与质量评定的内容分开，将现行的施工及验收规范中的施工工艺和质量验收的内容分开，将验评标准中的质量检验与施工规范中的质量验收衔接，形成工程质量验收规范。原施工及验收规范中的施工工艺部分，作为企业标准或行业推荐性标准；原验评标准中的评定部分，主要是对企业操作工艺水平进行评价，可作为行业推荐性标准，为社会及企业的创优评价提供依据。

2. 强化验收

将原施工规范中的验收内容与原验评标准中的质量检验内容合并，形成一个完整的工程施工质量验收规范，作为国家强制性标准。这一标准是建设工程必须达到的最低质量标准，是施工单位必须达到的质量标准，也是建设单位验收工程质量所必须遵守的规定。强化验收体现在：①强制性标准；②只设一个质量等级（即合格质量等级）；③质量指标都必须达到规定的指标；④增加了检测项目。

3．**完善手段**

以往无论是施工规范还是验评标准，对质量指标的科学检测都不够重视，以致在评定及验收中，科学的数据比较少。为改善质量指标的量化，在这次修订过程中，努力弥补这方面的不足，主要从以下三个阶段改进：①完善材料（或设备）的检测；②完善施工阶段的施工试验；③开展竣工工程的抽检项目，减少或避免人为因素的干扰和主观评价的影响。工程质量检验，可分为基本试验、施工试验和工程有关安全、使用功能的抽样检验。基本试验窟有法定性，其质量指标、检测方法都有相应的国家或行业标准。其方法、程序、设备仪器以及人员素质都应符合有关标准的规定，其试验一定要符合相应标准方法的程序及要求，要有复演性，其数据要有可比性。施工试验是施工单位内部质量控制所进行的试验。在判定质量时，要注意技术条件、试验程序和第三方见证，保证其统一性和公正性。竣工抽样试验是确认施工检测的程序、方法、数据的规范性和有效性，为保证工程的结构安全和使用功能的完善提供数据，统一施工检测方法及竣工抽样检测的仪器设备等。

4．**过程控制**

针对工程质量的特点，在施工过程中进行的质量管理工作。

第三节　砌体规范修订的特点

新《规范》在编制过程中，进行了广泛的调查研究，吸收了工程实践的新经验，并在全国范围内广泛征求了设计、施工、科研、教学、工程监理，质量监督单位及建设管理部门的意见，经反复讨论、修改、充实，最后经审查，修改而定稿。同时，为检验新《规范》的适用效果，将《规范》送审稿提前在西安市、潍坊市和天津市的近10个工程项目上进行了试运行，效果良好。

对试运行过程中的一些反馈意见，规范编制组也予以认真对待。

新《规范》对每一分项工程，按照“一般规定”、“主控项目”和“一般项目”设置相应条文。在“一般规定”一节中，主要是对原材料的质量要求和施工过程中的质量控制要求，即体现了“过程控制”；在“主控项目”和“一般项目”节中，分别对检验批的基本质量（系指结构安全和使用功能方面的施工质量）起决定性作用和一般性作用的验收项目的质量要求、抽检数量、检验方法做出了明确的规定。

《规范》审查会的专家们认为：新《规范》（送审稿）编写的内容符合“验评分离、强化验收、完善手段、过程控制”的十六字方针，并体现了突出验收和确保工程质量的原则；规范章、节编排清晰、合理，条文内容比较简洁明了，重点突出，科学性、可操作性强。

第四节　砌体规范修订的主要内容

新《规范》共分11章137条条文和2个附录：1. 总则；2. 术语；3. 基本规定；4. 砌筑砂浆；5. 砖砌体工程；6. 混凝土小型空心砌块砌体工程；7. 石砌体工程；8. 配筋砌体工程；9. 填充墙砌体工程；10. 冬期施工；11. 子分部工程验收；附录A砌体工程检验批质量验收记录；附录B本规范用词说明。

按照《建筑工程施工质量验收统一标准》GB50300—2001对分部工程、子分部工程和分项工程划分的原则，对砌体结构这一子分部工程，砖砌体、混凝土小型空心砌块砌体、石砌体、配筋砌体、填充墙砌体属分项工程。因此，新《规范》按照《统一标准》确立的原则，将上面几个分项工程单项成章。同时，根据砌体工程施工的特点，再将“砌筑砂浆”、“冬期施工”的施工质量验收内容分列两章。

比较新、旧《规范》可以看到，两本《规范》有较大的不同：

1．从条文内容看，新《规范》紧紧围绕如何控制和确保施工质量进行具体规定；而原《规范》条文内容比较杂。因此，新《规范》比较简明扼要，共有136条条文（其中，尚包括原《规范》没有的术语7条），而原《规范》则有条文231条，新《规范》的条文数量只为原《原规范》58.9％。

2．为配合工程的验收操作，新《规范》对“主控项目”和“一般项目”还规定了抽检数量及检验方法，从而使新《规范》的可操作性大大增强。

3．新《规范》设置了强制性条文。强制性条文它直接涉及人民生命财产安全、人身健康、环境保护和其他公众利益，是确保工程质量的关键，必须认真执行，违者必须追究责任。新《规范》从工程实际出发，设置了强制性条文14条。这与我国2000年制定、实施的《工程建设标准强制性条文》（房屋建筑部分）关于砌体工程施工中所定的66条强制性条文相比，不仅在数量上大大删减，而且可操作性也强。

4．新《规范》给出了砌体工程各分项工程的检验批质量验收记录的统一表式，共5种表格，应用起来也十分方便。

第二章 砌体规范主要内容讲解

第一节 总则

1. 关于与《建筑工程施工质量验收统一标准》GB50300—2001（以下简称《统一标准》）配套使用问题（1.0.3条）

由于建筑工程专业多，例如地基与基础、混凝土结构、砌体结构、钢结构、木结构、地面、屋面、装修、给排水与采暖、通风与空调、电梯、安装、建筑电气、智能化等，它们虽专业不同，但在施工质量验收上有共性。因此，《统一标准》就各专业施工质量验收规范的编制和质量控制、验收上做了一些统一的规定。例如：

(1)《统一标准》第1.0.2条规定：本标准适用于建筑工程施工质量的验收，并作为建筑工程各专业工程施工质量验收规范编制的统一准则。

(2)《统一标准》第1.0.3条规定：本标准依据现行国家有关工程质量的法律、法规、管理标准和有关技术标准编制。

(3)《统一标准》第3.0.1条规定：施工现场质量管理应有相应的施工技术标准，健全的质量管理体系、施工质量检验制度和综合施工质量水平考核制度。

(4)其他有关施工质量控制的总要求。

2. 关于砌体工程施工质量控制的总要求

新《规范》在确保砌体工程施工质量的要求时，给出了一个施工质量水平的最低要求。它是根据设计规范和我国施工企业的施工水平现状而确定的，是一个“合格”等级的质量指标。各施工企业及工程建设的业主还可以在满足新《规范》质量要求的前提下，提高施工质量标准。因此，新《规范》第1.0.4条规定："砌体工程施工中采用的工程技术文件、承包合同文件对施工质量验收的要求不得低于本规范的规定"。一方面是从实际需要和可能出发；另一方面对促进我国建筑业施工水平的提高是有益的。同时，在市场竞争中也有利于管理水平高、技术能力强的优秀企业优势的更好发挥。

3. 关于砌体工程施工质量验收时尚应符合国家现行有关技术标准的问题（1.0.5条）

砌体工程和其他工程项目的施工一样，属于一个系统工程，它涉及的方方面面很多。而各个方方面面也有相应的规范标准，都必须遵照执行。鉴于此，新《规范》1.0.5条做出了原则规定，并在该条的条文说明中列出了有关的、常用到的26本规范标准，供大家配套学习、执行。

第二节 术 语

关于施工质量控制等级（2.0.1条）

"施工质量控制等级"这一概念引用到我国施工规范是在《砌体工程施工及验收规范》GB50203—98中首次列入的。它是国际上适用的一种考虑方法，系根据施工现场的质量控制要素，例如现场施工质量管理现状；砌筑砂浆及混凝土强度情况；砌筑砂浆的拌合方式及砌筑工人技术水平高低等确定的施工质量控制水平等级，它并非等同施工企业的资质等级。

"施工质量控制等级"有何实际意义呢？由于砌体，在施工现场砌筑施工中，都是由工人通过具体作业来完成的，砌筑质量受到许多人为因素的制约和影响，所以，为使砌体结构的可靠性得到保证，满足设计和使用要求，砌体设计中的强度指标一定要合理确定，即在施工质量控制等级比较低的情况下施工时，砌体强度的设计指标就应该取低一些；在施工质量控制等级比较高的情况下施工时，砌体强度设计指标就应该取高一些。也即是说，在确定砌体强度设计值时，对不同等级的施工质量控制等级的施工队伍（系指具体施工该项目的施工队伍）应取不同的指标。

我国于去年颁布实施的《砌体结构设计规范》GB50003—2001 第 3.2.3 条有下列规定：……4. 当施工质量控制等级为 C 级时，γ_a 为 0.89。即将规范中的相应砌体强度设计值降低 11%。在《砌体结构设计规范》GB50003—2001 中，各项砌体强度设计值是针对施工质量控制等级为 B 级时确定的；鉴于我国目前的具体情况，在施工质量控制等级为 A 级的情况下，暂不考虑各项砌体强度设计值的提高。

第三节　基本规定

1. 关于砌体的砌筑顺序（3.0.3 条）

（1）基础基底标高不同时的砌筑顺序：由低往高砌；由高往低搭砌。设计未明确时的砌法应满足搭砌长度不小于基础扩大部分的高度。这样，方可满足基础的整体性和较好的传递荷载，见图 2-1。

（2）砌体的转角处和交接处的砌筑方法：应同时砌筑（并非“必须”。在后面的分项工程中有相应的规定）。当不能同时砌筑时（在分项工程中有明确规定），应按规定留槎（包括斜槎和直槎，但在直槎的留置上各分项工程又有相应的规定）。

2. 关于墙体上洞口、管道、沟槽的留置（3.0.7 条）

通过调查发现，在砌体房屋工程施工中，往往由于各专业工种之间缺乏配合，造成在已砌筑好的墙体上随意开洞、开槽，破坏了砌体结构的整体性和可靠受力，造成一些安全隐患。为此，在新《规范》第 3.0.7 条做了较严格的规定：一是对设计要求的洞口、管道、沟槽应于砌筑时正确预留或预埋；二是对已砌好的砌体，需要开洞、开槽时，应经设计同意。这样就有利于解决开

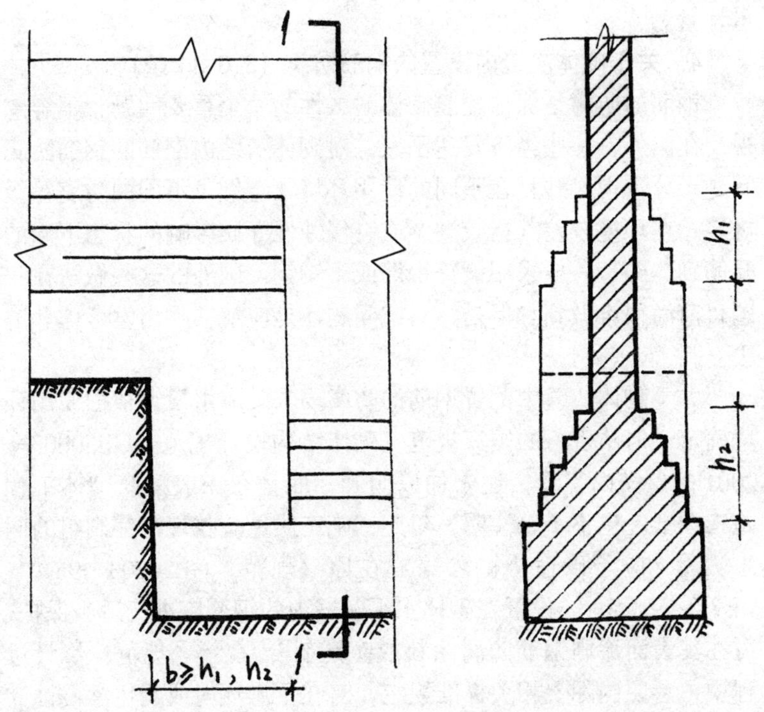

图 2-1　不同标高基础砌筑示意

洞、开槽太随意的问题。

3. 关于搁置预制梁、板时找平、坐浆的规定（3.0.9 条）

在已砌筑好的砌体上放置预制梁、板时，砌体顶面应找平和坐浆，是保证梁、板的均匀传力、结构安全的一项重要施工技术措施。但是，在施工现场，仍然存在不坐浆“干放”预制梁、板的情况，这不仅会导致梁、板的支点不明确，受力不良和墙（或柱）局部受力，安全性降低之外，还降低了结构的整体性。

新《规范》对找平、坐浆使用砂浆有规定：当设计无具体要求时，应采用 1∶2.5 的水泥砂浆。此处，不规定砂浆的强度等级，是因为不必对它进行强度等级的检验和验收。砂浆应采用重量计量。

4. **关于砌体灰缝内设置的钢筋防腐（3.0.11条）**

钢筋的防腐是保证配筋砌体耐久性的一个重要问题，不容忽视。在国外，一些经济发达国家，对砌体灰缝内配筋的钢筋防腐问题十分重视，并且在不同的使用环境状态做了不同的防腐等级规定，在环境较差（指较潮湿或有侵蚀性介质影响的状态下）的配筋砌体中，一般采用镀锌钢筋或不锈钢。国外的这些做法在我国目前尚很难做到。但是，对此问题还是应从实际出发考虑和解决。

关于砌体灰缝中配置钢筋的防腐要求，应由设计根据使用环境确定。但从现行的国家规范《砌体结构设计规范》GB50003—2001的条文内容看，还未加以明确，而且在一般配筋砌体工程施工图纸上也不予以注明。对此，施工质量验收规范编制组的同志认为，应予以适当的考虑。在原《规范》GB50203—98中，第7.1.5规定："设置在砌体水平灰缝内的钢筋应进行适当保护，可在其表面涂刷钢筋防腐涂料或防锈剂"。在新《规范》修订过程中，参照国际上相关标准规定，对在干燥环境或无化学侵蚀介质的环境中的砌体灰缝内的钢筋，可不进行防腐处理，而对于"设置在潮湿环境或有化学侵蚀性介质的环境中的砌体灰缝内的钢筋应采取防腐措施"。这种规定是从我国的国情出发制定的，也是比较合理的。即将颁布实施的《混凝土砌块建筑体系实用导则》中也提出了"灰缝钢筋应进行重镀锌防腐处理或等效的防腐措施"的规定。

灰缝内钢筋的防腐措施，除了一般钢结构涂刷的防锈漆外，下面介绍三种较好的材料：

（1）钢筋阻锈涂料（中国建筑科学研究院研究成果）

该种钢筋阻锈涂料是近年来的研究成果，是由中国建筑科学研究院建材所材料研究室主任丁威等人研制成功，并进行工程应用，取得良好效果。其基本性能及钢筋和混凝土的粘结强度之表2-1、表2-2。

基本性能 表 2-1

指标名称	技术性能指标值或要求	试验结果
耐盐雾介质：5% NaCl	100h 涂层无点蚀、裂纹、起泡等现象	合格
耐碱性介质：饱和 $Ca(OH)_2$	浸泡 500h 无起泡、起皱、脱落、生锈等现象	合格
耐水性介质：蒸馏水	浸泡 1000h 无起泡、起皱、脱落、生锈等现象	合格
耐热老化：80℃	500h 涂层无起泡、发粘、变软、变脆等现象	合格

钢筋和混凝土的粘结强度（钢筋为 $\phi10$） 表 2-2

混凝土强度等级	实测混凝土强度（N/mm^2）	钢筋表面条件	粘结破坏最大荷载（kN）	粘结破坏最大滑移（mm）	粘结强度（N/mm^2）
C15	18.8	涂阻锈涂料	26.0	1.8	0.0044
		光筋	24.0	1.9	0.0041
C30	31.8	涂阻锈涂料	28.5	2.2	0.0057
		光筋	26.1	2.3	0.0052
C40	41.8	涂阻锈涂料	28.6	2.3	0.0058
		光筋	26.3	2.4	0.0053

工程应用情况：该钢筋阻锈涂料除了在几个工程中对混凝土中的钢筋表面进行了涂刷应用之外，还在贵阳市四个钢板粘结加固中予以应用（将此阻锈涂料涂刷在钢板表面，再抹以砂浆）涂刷方法可采用先涂或后涂（钢筋安装就位后涂刷）的方法，施工中要注意补刷。该阻锈涂料价格比较低廉，每公斤涂料 7 元。

(2) 环氧树脂涂层钢筋

该种技术系由国外引进，其技术要点为：将钢筋经过除锈、清洗、打毛及加热后，用电离子喷射法把环氧树脂粉末涂敷在钢筋表面，然后固化、冷却，涂层厚度 0.18～0.30mm。涂层粘结牢固、有韧性（钢筋弯 180°时涂层不开裂、不脱落），可延长使用寿命 50 年以上。该种钢筋已在北京西客站南场、浙江宁波大桥、汕头石油天燃气码头等一些重点工程中应用，并取得成功。该种钢筋在工程中的使用（按所用钢筋均采用环氧涂层钢筋时），其建筑成本不超过工程投资的 1%。

（3）DFJ 系列钢筋防锈剂

该钢筋防锈剂是中国科学院金属腐蚀与防护研究所、中国建筑东北设计院，沈阳建工学院等单位的研究成果。它是一种性能可靠、造价低、涂覆方便的材料，可以替代镀锌工艺，具有广阔的推广应用前景。其特点是：

①防腐性能好。

②粘结性能好，拉伸试验表明，涂该防锈涂料后的钢筋，与混凝土、砂浆之间的粘结力基本不会受到不良影响。

③耐冲击，达到建筑施工要求。

④韧性好，ϕ8 钢筋经涂刷该涂料后，弯折 90°，再拉直，反复 5 次防锈层不脱落。

⑤施工性能好，涂刷方便。涂料采用固化剂、基料与溶剂分开存贮，在密封条件下可长期存放，不会变质。

⑥与镀锌防腐相比，成本显著下降：每吨钢材镀锌防腐需 5000 元左右，而利用本材料只需 2000 多元。同时，不会出现镀锌工艺造成的环境污染，有其良好的社会效益。

5. 关于楼面和屋面堆载的安全问题（3.0.12 条）

从调研中和一些工程安全事故中发现，在施工现场，对楼面和屋面的堆载问题，一些施工管理人员和工人未给予足够的重视，致使楼板（屋面板）压裂或产生安全事故。在楼面上施工时，有时是集中堆载而超载；有时是为赶施工进度或遇停电提前备料造成超载；有时是采用井架或门架上料时，接料平台倾斜有坎，运料车行走时易产生对楼板（屋面板）的冲击。对此，组织施工过程中应予以充分的重视，采取一些有效措施，不会出现镀锌工艺造成的环境污染，具有良好的社会效益。

6. **关于检验批验收时，主控项目和一般项目的达标规定（3.0.14条）**

在《建筑工程施工质量验收统一标准》GB50300—2001中，在制定检验批的抽样方案时，对生产方的使用方风险概率提出了明确的规定，即第3.0.5条在制定检验批的抽样方案时，对生产方风险（或错判概率α）使用风险（或漏判概率β）可按下列规定采取：

(1) 主控项目：对应于合格质量水平的α和β均不宜超过5%。

(2) 一般项目：对应于合格质量水平的α不宜超过5%，β不宜超过10%。

新《规范》结合砌体工程的实际情况，对主控项目应全部符合合格标准的规定，严于《统一标准》；而对于一般项目，允许有不超过20%的抽查处（系指每一项抽检项目的抽查处）超出验收条文合格标准的规定，较原《建筑安装工程质量检验评定统一标准》GBJ300—88中合格质量标准应有70%及其以上的实测值允许偏差范围内的规定严格，比优良质量标准90%的规定宽，这是比较合适的，体现了对一般项目既从严又不苛求的原则。

7. 删除条文：原《规范》条文删除原因说明见表2-3。

删除条文说明 表2-3

序号	原《规范》条文	删除原因
1	2.0.2砌体工程应在地基或基础工程验评合格后，方可施工	常因地基或基础的28d龄期强度得不到试验结果而无法验评
2	2.0.3建筑物或构筑物的标高，应引至标准水准点或设计指定的水准点	重要建筑物或构筑物的标高，设计图纸有明确规定；对一般或临设的建筑物或构筑物即使设计未指定可按常规处置

续表

序号	原《规范》条文	删除原因
3	2.2.4 基础施工前，应在建筑物主要轴线部位设置标志板，标志板应标明基础、墙身和轴线的位置和标高 外型构造简单的建筑物，可用控制轴线的引桩代替标志板	该条内容属工法
4	2.0.6 砌体施工，应设皮数杆，并应根据设计要求、块材规格和灰缝厚度在皮数杆上标明皮数及竖向构造的变化部位	该条内容属工法，在砌体施工质量验收项目中有水平灰缝平直度和灰缝厚度的规定
5	2.0.8 砌完基础后，应及时双侧回填。回填土的施工应符合现行国家标准《土方与爆破工程施工及验收规范》GBJ201 的有关规定。单侧填土应在砌体达到侧向承载能力要求后进行	该条内容已在《建筑地基基础施工质量验收规范》GB50202—2002 土方工程中有相应规定，为不过多重复，予以删除
6	2.0.9 基础墙的防潮层，当设计无具体要求，宜用 1:2.5 水泥砂浆加适量的防水剂铺设，其厚度宜为 20mm 抗震设防地区建筑物，不应采用卷材作基础墙的水平防潮层	基础墙的防潮层作法，在设计图中一般均有具体要求
7	2.0.10 砌筑前，应将砌筑部位的砂浆和杂物等清除干净，并应浇水湿润	该条内容属工法
8	2.0.11 伸缩缝、沉降缝、防震缝中，不得夹有砂浆、块材碎渣和杂物等	该条内容属一般的质量要求

续表

序号	原《规范》条文	删除原因
9	2.0.13 砌体表面的平整度、垂直度、灰缝厚度及砂浆饱满度等均应按本规范规定随时检查并校正 砌体表面平整度、垂直度校正必须在砂浆终凝前进行	砌体表面平整度、垂直度的检查在新《规范》中已有规定。而何时进行校正属工法内容
10	2.0.14 砌体工程工作段的分段位置，宜设在伸缩缝、沉降缝、防震缝、构造柱或门窗洞口处，相邻工作段的砌筑高度差不得超过一个楼层的高度，也不宜大于4m	该条内容属工法
11	2.0.15 砌体临时间断处的高度差，不得超过一步脚手架的高度。临时施工洞口顶部宜设置过梁，普通砖砌体也可在洞口上部采取逐层挑砖的方法封口，并应埋设水平拉结筋，洞口净宽度不应超过1m	该条的主要内容属工法。其中，关于砌体临时施工洞口净宽度不应超过1m的规定在新《规范》中有相应的条文
12	2.0.17 通气道、垃圾道等采用水泥制品时，接缝处外侧宜带有槽口，安装时除座浆外，尚应采用1:2水泥砂浆将槽口填封密实	该条内容一部分属设计内容，另一部分属工法
13	2.0.19 砌筑完基础或每一楼层后，应校核砌体的轴线和标高，在允许偏差范围内，其偏差可在基础顶面或楼面上校正。	该条内容属工法
14	2.0.23 雨期施工应防止基槽灌水和雨水冲刷砂浆，砂浆稠度应适当减小，每日砌筑高度不宜超过1.2m。收工时，应采用防雨材料覆盖新砌砌体的表面。对蒸压（养）灰砂砖、粉煤灰砖及混凝土小型空心砌块砌体，雨天不宜施工	该条内容属工法

续表

序号	原《规范》条文	删除原因
15	2.0.24、2.0.25、2.0.26（关于墙面勾缝的规定）	该3条内容属工法，在新《规范》中，仅对勾缝前的准备工作中对脚手眼的补砌有相应规定，因它涉及砌体的整体性和使用功能能否得到保障的问题，比较重要
16	2.0.27 砌筑炉灶和附墙烟囱，当设计无要求时，尚应符合下列规定：（略）	该条主要为设计内容，应有具体做法
17	2.0.28 砌筑通气孔道，应符合第2.0.27条第6款的规定	该条主要为设计内容，应有具体做法

第四节　砌筑砂浆

1. 关于水泥的进场复验（4.0.1条）

水泥是砌筑砂浆的重要材料，它的质量合格与否，直接关系砌筑砂浆的质量。因此，对水泥进厂后的复验与使用中的其他规定非常重要，特将此条内容定为强制性条文。

新《规范》明确规定应进行水泥强度和安定性的复验，以便于操作。

（1）常用水泥

①硅酸盐水泥：由硅酸盐水泥熟料，适当石膏磨细制成的水硬性胶凝材料。

②普通硅酸盐水泥：由硅酸盐水泥熟料，少量混合材料，适当石膏磨细制成的水硬性胶凝材料。普通硅酸盐水泥简称普通水泥。

③矿渣硅酸盐水泥：由硅酸盐水泥熟料和粒化高炉矿渣，适

量石膏磨细制成的水硬性胶凝材料。

④火山灰质硅酸盐水泥：由硅酸盐水泥熟料和火山灰质混合材料、适量石膏磨细制成的水硬性胶凝材料。

⑤粉煤灰硅酸盐水泥：由硅酸盐水泥熟料和粉煤灰，适量石膏磨细制成的水硬性胶凝材料。

（2）其他水泥

①快硬硅酸盐水泥：以适当成分生料，烧至部分熔融，然后以硅酸钙为主要成分的硅酸盐水泥熟料，加入适量的石膏，磨细制成的具有早期强度增长率较高的水硬性胶凝材料。快硬硅酸盐水泥简称快硬水泥。

②快凝快硬硅酸盐水泥：以适当成分的生料，烧至部分熔融，然后以硅酸三钙、氟铝酸钙为主的熟料，加入适量的硬石膏、粒化高炉矿渣、无水流酸钠，经过磨细制成的一种凝结快、小时强度增长快的水硬性胶凝材料。

③此外，还有明矾石膨胀水泥、混合硅酸盐水泥、钢渣矿渣水泥、白色硅酸盐水泥、硫铝酸盐早强水泥等。

（3）水泥的检验项目

水泥的检验项目包括：密度、细度、标准稠度用水量、凝结时间、安定性、强度、氧化镁和三氧化硫含量、水化热、白度、比表面积、膨胀率、干缩、不透水性、抗硫酸盐侵蚀等。通常，对砌体工程的砌筑砂浆所用水泥而言，一般只需进行水泥强度及安定性的复验。

（4）水泥编号

水泥编号是按水泥厂家生产能力规定的：120 万吨以上，以不超过 1200t 为一编号；60～120 万吨以上，以不超过 1000t 为一编号；30～60 万吨，以不超过 600t 为一编号；10～30 万吨，以不超过 400t 为一编号；10 万吨以下，以不超过 200t 为一编号。水泥产品的这种编号，便于操作和进行质量跟踪。

（5）取样方法

每一编号为一个取样单位。取样方法按 GB12573 进行。当散装水泥运输工具的容量超过该厂规定出厂编号号数时，允许该编号的数量超过取样规定的吨数。

取样应有代表性，可连续取，亦可从 20 个以上不同部位取等量样品，总量至少 12kg。

(6) 其他使用规定

①当在使用中对水泥质量有怀凝时，应复查试验。

②当水泥出厂存放时间过长，导致水泥活性降低和影响水泥的其他性质时，应复查试验。具体掌握标准为：水泥出厂超过三个月（快硬硅酸盐水泥超过一个月）。

③不同品种的水泥，由于其组分不尽相同，性质各异，不能混合使用，以免对砌筑砂浆带来不利影响。

2. 关于施工中用水泥砂浆替代水泥混合砂浆时的规定(4.0.7条)

当在施工中水泥砂浆替代水泥混合砂浆时，不能简单地认为只要砂浆的强度等级相同就可以相互替换，这是错误的。由于砌体有关强度值确定时，是由水泥混合砂浆砌筑的各类试件的试验结果而得到的，当砌筑砂浆性质不同时，将会对砌体的强度产生影响。因此，《砌体结构设计规范》GB50003—2001 规定：当砌体用水泥砂浆砌筑时，砌体抗压强度值应对 3.2.1 条各表中的数值乘以 0.9 的调整系数；砌体轴心抗拉、抗剪强度设计值应对 3.2.2 条表 3.2.2 中的数值乘以 0.8 的调整系数。

3. 关于在砂浆中掺入有机塑化剂、早强剂、缓凝剂、防冻剂等的使用规定(4.0.8)

(1) 砌筑砂浆的稠度

砌筑砂浆的流动性亦称为砂浆的稠度，是指砂浆混合物在自重和外力作用下，易于产生流动的性能，也表示砂浆稀稠的程度。

选择流动性好的砂浆，有利于施工操作，保证施工质量。通常情况下，基底为多孔吸水材料，或在干燥条件下施工时，应使砂浆流动性大些。相反，对于密实的吸水不多的基底材料，或者在湿冷气候条件下施工时，应使砂浆流动性小些。

(2) 砌筑砂浆的分层度

砌筑砂浆的分层度是体现其保持水分的能力。在施工中，要求砂浆各组成材料不发生分层、离析和泌水。

(3) 关于有机塑化剂在砂浆中的应用

中华人民共和国行业标准《砌筑砂浆配合比设计规程》JGJ98—2000对砌筑砂浆的稠度及分层度两项技术指标都做了明确的规定，这是合格砂浆除了强度必须合格以外的另外两项技术指标。

为满足砌筑砂浆的调度和分层度技术条件，除了使用水泥混合砂浆之外，可在水泥砂浆中掺用有机塑化剂。其中微沫剂便是一种使用较多的有机塑化剂。它是由松香、碱（氢氧化钠或碳酸钠）及水加热熬制而成。水泥砂浆掺入该材料后，在砂浆搅拌时，在砂颗粒四周生成微小而稳定的空气泡，从而起到润滑和改善砂浆施工性能的作用。但是，水泥砂浆掺入微沫剂后，对砌筑的抗压强度会产生不利的影响。根据原苏联的有关技术标准和我国的试验结果，如在水泥砂浆中掺入微沫剂后，砌体抗压强度将降低10%。目前，市场上出售的有机塑化剂种类较多，由于其作用机理各异，除了应进行材料本身性能检测外（包括掺入水泥砂浆后砂浆强度的试验），还必须要针对砌体强度的型式进行检验。

(4) 在砌体工程施工过程中，根据需要有时还在砂浆中掺入早强剂、缓凝剂、防冻剂等。由于这些外加剂产品比较多，在性能上存在着差异，为确保砌筑砂浆的质量，应对这些外加剂进行检验和砌筑砂浆试配，在符合要求后予以使用。

4. 关于砂浆拌制时的重量计量规定（4.0.9条）

(1) 砂浆拌制要求采用重量比

拌制砂浆时，材料用量的准确与否，是保证砂浆强度和减少离散性的重要因素。因此，要求采用重量比，并准确计量。但是，调查中发现，仍有不少工程中采用体积比配料，这说明在砂浆配合比问题上还存在许多问题，应引起高度重视。

从体积比配料来看，据一些单位测定，由于操作情况不同，存在问题很多。

①水泥密度的波动范围在900～1200kg/m^3；

②当砂子含水率不同时，体积变化可达20%以上；

③白灰膏的稠度变化较大，如不认真计量，也影响配合比的准确性。造成实际用量与配合比用量相差大。

就是在正常的情况下，由于上述问题的存在，重量比与体积比两种计量方法所得砂浆强度对比，见表2－4。

砂浆强度对比表 **表2－4**

计量方法	标准差 σ (MPa)	变异系数 C_v (%)
重量比	0.02～0.67	0.86～15.8
体积比	0.07～1.76	2.5～27.9

由表可以看出重量比计量的误差比积体比计量误差小，砂浆强度稳定性好。在实际施工中，现场条件远比试验室条件差，两种配合比的差别更会明显。

因此，砌体施工规范规定，砌筑砂浆的配合比应采用重量比。

(2) 配合比应事先通过试配来确定

在重量比计量操作中，也应制订有效措施控制原材料用量的准确度：

①水泥、掺加剂的配料准确度控制在±2%以内；

②砂、水及石灰膏、电石膏、粘土膏、粉煤灰、磨细生石灰粉等配料准确度控制在±5%以内；

③石灰膏、粘土膏和电石膏的用量，按稠度120±5mm计量，稠度不一致时，可按表2－5换算；

石灰膏不同稠度时的换算系数　　表 2-5

石灰膏稠度（mm）	120	110	100	90	80	70	60	50	40	30
换算系数	1.00	0.99	0.97	0.95	0.93	0.92	0.90	0.88	0.87	0.86

④砂的计量应计入其含水量对配料的影响；

⑤水泥混合砂浆中无机塑化剂掺量对砂浆强度的影响同样是明显的。经过试验，当石灰膏掺量与水泥用量之比由 0.3 增加到 1.1 时，砂浆试块强度降低 30%左右，试验结果见表 2-6。

由试验数据说明，在拌制砂浆时，对无机掺合料的控制应特别注意。规范规定，"石灰膏、粘土膏和电石膏的用量，宜按稠度 120±5mm 计量。"这是为了较准确计量其掺量的要求。

石灰膏掺量对砂浆强度的影响　　表 2-6

砂浆配合比			R_{14}		R_{28}	
水泥	砂	石灰膏	MPa	比值（%）	MPa	比值（%）
1	8	0.3	5.10	100	7.06	100
1	8	0.5	4.61	90	6.67	94
1	8	0.7	4.41	86	5.88	83
1	8	0.9	4.12	81	5.39	76
1	8	1.1	3.33	65	4.80	68

另外，为使砂浆具有良好的保水性，应掺入无机和有机塑化剂，不采取增加水泥用量的方法。

水泥砂浆的最少水泥用量不小于 200kg/m^3。

当砂浆的组成材料有变更时，其配合比应重新通过试配确定。

当施工中用水泥砂浆代替水泥混合砂浆时，要考虑砌体强度降低的影响，重新确定砂浆强度等级，并以此设计配合比。

（3）砂浆的拌制

砌筑砂浆为保证拌和均匀，砌体施工规范规定应采用机械搅拌，并保证搅拌时间。自投料完算起，搅拌时间：

①水泥砂浆和水泥混合砂浆，不少于2min；

②水泥粉煤灰砂浆和掺用外加剂的砂浆，不少于3min；

③掺用有机塑化剂的砂浆，不少于3min且不超过5min。

拌和砌筑砂浆时砂浆稠度的选用，按表2-7选用。

砌筑砂浆的稠度 表2-7

砌体种类	砂浆稠度（mm）
烧结普通砖砌体	70～90
轻骨料混凝土小型空心砌块砌体	60～90
烧结多孔砖、空心砖砌体	60～80
烧结普通砖平拱式过梁 空斗墙、筒拱 普通混凝土小型空心砌块砌体 加气混凝土砌块砌体	50～70
石砌体	30～50

5. 关于砂浆使用时间的限制（4.0.11条）

拌合后的砂浆，随着水泥水化作用的进展，逐渐失去流动性而凝结硬化，当再加水拌合使用，其强度会降低。因此，规范作了明确的规定："砂浆应随拌随用。水泥砂浆和水泥混合砂浆必须分别在拌成后3h和4h内使用完毕；当施工期间最高气温超过30℃时，必须分别在拌成后2h和3h内使用完毕。"下面，为说明其制订依据，将有关试验情况作一介绍。

试验工作分别由湖南、山东和陕西等省一些单位完成。试验的方法是砂浆拌合后，当即成型第一组试块；以后一般每隔2h成型一组试块，每次成型试块时，都要采用掺水再拌合的方法，使砂浆稠度与刚拌合好时的稠度基本一致。

试验结果说明，砂浆强度随着使用时间的延长而降低，一般4～6h后，强度下降20%～30%左右，10h强度降低50%以上，

24h 强度降低 70%以上。当气温较高时（30℃以上），砂浆强度下降幅度更大。以上试验大多采用水泥混合砂浆，考虑到水泥砂浆一般强度较高，水泥用量也较多，加上没有塑化剂，其凝结时间必然早于水泥混合砂浆。

按规范 GB50203—98 第 3.3.6 条之规定，最终砂浆强度的降低值，一般都不超过 20%。经计算，当采用 MU10（100）砖、M5 砂浆情况下，按全部砂浆强度都降低 20%考虑，砌体的抗压强度降低 7.7%。在实际施工时，由于砂浆大部分已在规定时间以内陆续使用完毕，所以对整个砌体的强度而言，其影响是很小的。这里还需要指出，影响砂浆使用时间的因素，除了砂浆品种和气温条件外，尚与当地的空气湿度大小，施工时的风力大小等情况都有关系。由于这些因素变化较大，很难在规范中体现，只能在施工中根据具体情况加以考虑。

为了尽量减少砂浆流动、失水和沉淀等，保证砌筑二人操作时砌体质量，砂浆的流动性保持在 7～10cm，而又不要重新加水拌和，施工中最好是随拌随用。保证砌筑砂浆的强度，充分发挥砂浆的强度。

6. 关于砂浆试块强度合格的评定标准（4.0.12 条）

（1）试块制作数量

试块制作数量。砌体施工规范规定，每一楼层或 250m^3 砌体中的各种强度等级的砂浆，每台搅拌机应至少检查一次，每次至少应制作一组试块。砂浆强度等级或配合比变更时，还应制作试块。对于一般砌体基础可按一个楼层计。

每组为 6 块试块。

（2）试块制作

砌筑砂浆抗压强度的试块制作，其试块为 7.07mm × 7.07mm × 7.07mm 的试模，试模为无底的钢模或塑料模。砂浆试块的制作，对其强度影响是很大的。

①底模材料对试块强度的影响

1）底模材料不同的影响

《建筑砂浆基本性能试验方法》JGJ70—90 第 7.0.3 条中规定："一、制作砌筑砂浆试件时，将无底试模放在预先铺有吸水性较强的纸的普通粘土砖上（砖的吸水率不小于 10%，含水率不大于 2%），试模内壁事先涂刷薄层机油或脱模剂"。这就统一了砂浆试块制作时的底模材料问题。

砂浆中水分含量比水泥硬化需水量大得多，故试块的水分过早去掉，对试块强度有影响。

试验表明，当试块底模材料不同时，试块强度是有较大差异的，其差异的原因是，早期底模吸水多时，后期失水就少，砂浆的密度就大，强度也就大些。例如，用普通烧结砖（干）、灰砂砖（干）及铁底板做底模时，试块 28 天强度之比值为 100%、73% 及 50%。

2）底砖含水量不同的影响

对采用普通烧结砖作试块的底模材料时，砖的含水率的影响如图 2-2 所示。

试验得出，随着底模砖含水率的增加，砂浆试块强度随之降低，当含水率 W≤4%～6%时，强度降低很小；含水率再增大，就会有明显降低。

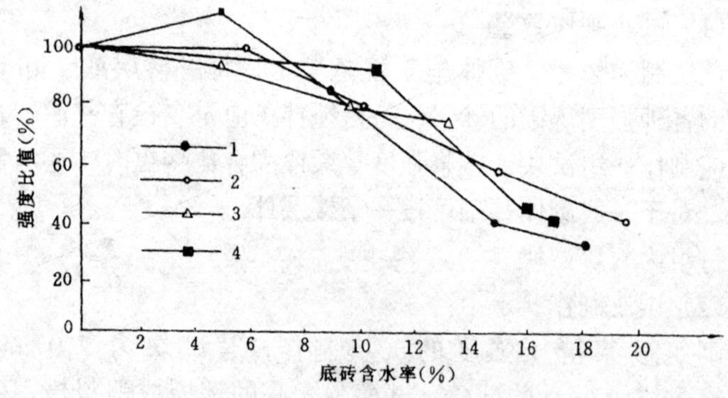

图 2-2 普通烧结砖含水率对试块强度的影响

这里还需注意一个问题，我国建筑工程中部分标准（灰砂砖砌体及混凝土小型空心砌块标准）在试块制作时不是采用普通烧结砖为底模，而是采用灰砂砖、混凝土小型空心砌块。这种不一致，今后应予研究、解决。

②关于养护条件的影响

1）标准养护条件

由于砂浆试块比较小 70.7mm×70.7mm×70.7mm，因而对外界养护条件的变化比较敏感，故规范《建筑砂浆基本性能试验方法》JGJ70—90 第 7.0.3 条中规定：五、试件制作后应在 20℃±5℃温度环境下停置一昼夜（24±2h），当气温较低时，可适当延长时间，但不能超过两昼夜，然后对试件进行编号拆模。试件拆模后，应在标准养护条件下，继续养护至 28d，然后进行试压；六、标准养护的条件是：（一）水泥混合砂浆温度应为 20℃±3℃，相对湿度为 60%～80%；（二）水泥砂浆和微沫砂浆温度应为 20℃±3℃，相对湿度 90%以上；（三）养护期间，试件彼此间隔不少于 10mm。

2）当无标准养护条件时，可采用自然养护。（一）水泥混合砂浆应在正温度，相对湿度为 60%～80%的条件下（如养护箱中或不通风的室内）养护；（二）水泥砂浆和微沫砂浆应在正温度并保持试块表面湿润的状态下（如在湿砂堆中）养护；（三）养护期间必须作好温度记录。在有争议时，以标准养护条件为准。

这里需要注意的是，砂浆试块在自然养护（即非标准养护条件养护）时，必须了解 28d 养护下的平均温度，再换算成 20℃时的情形，即自然养护下砂浆试块强度应乘以一个温度修正值。通常，在计算日平均气温时，可以连续测温记录的平均值计；或以每日 2：00、8：00、14：00、20：00 气温平均值计。也有人近似地以每天气象预报的最高温度和最低温度的平均值计。

养护条件情况比较，见表 2－8。

养护条件比较　表 2－8

养护条件	水泥混合砂浆	水泥砂浆
标准养护	温度：20℃ ±3℃ 湿度：60%～80%	1．温度：20℃ ±3℃ 2．湿度：90%以上
自然养护	1．温度：正温度 2．湿度：养护箱、不通风室内	1．温度：正温度 2．湿度：保证试件表面湿润：温砂堆中

温度对砂浆强度影响，《砌体工程施工规范》附录 A 提供了三张表。给出了不同龄期的强度增长值，以便拆除模板及推定砂浆强度值等使用。28d 要有温度记录，折算为 20℃的情况，与附录 A 中有关表，根据龄期及温度推算砂浆强度。

湿度对砂浆强度的影响。由于施工现场的条件不同，自然养护中除了温度外，湿度对砂浆强度的影响也很重要。有一个试验明显表明了这个问题，见表 2－9。

湿度养护条件比较表　表 2－9

养护条件 / 强度值	20℃ ±3℃ 标养箱	室外砂堆中	室外自流
28d 强度（MPa）	2.51	2.55	1.17
%	100	102	47

由表可以看出，埋在砂堆中和标准养护的情况很接近。

（3）砂浆试块强度评定

①一组试块强度的确定：

$$f_{m,cu}=\frac{N_u}{A}$$

式中　$f_{m,cu}$——砂浆立方体抗压强度（MPa）；

N_u——立方体破坏压力（N）；

A——试件承压面积（mm^2）。

砂浆立方体抗压强度计算应精确至0.1MPa。

以六个试件测值的算术平均值作为该组试件的抗压强度值，平均值计算精确至0.1MPa。

当六个试件的最大值或最小值与平均值的差超过20%时，以中间四个试件的平均值作为该组试件的抗压强度值。

②砂浆试块强度合格评定：

砂浆试块强度应按下列公式进行评定：

$$f_{2,\mathrm{m}} \geqslant f_2$$

$$f_{2,\min} \geqslant 0.75 f_2$$

式中 $f_{2,\mathrm{m}}$——同一验收批中砂浆立方体抗压强度各组平均值(MPa)；

f_2——验收批砂浆设计强度等级所对应的立方体抗压强度（MPa)；

$f_{2,\min}$——同一验收批中砂浆立方体抗压强度的最小一组平均值（MPa)。

符合上述两个条件，则评定该批砂浆试块强度合格。

7. 关于砂浆和砌体强度的原位检测或取样检测(4.0.13条)

当施工中出现下列情况时，可采用非破损和微破损检验方法对砂浆和砌体强度进行原位检测，判定砂浆的强度：

(1) 砂浆试块缺乏代表性或试块数量不足；

(2) 对砂浆试块的试验结果有怀疑或争议；

(3) 对砂浆试块的试验结果，已判定不能满足设计要求，需要确定砂浆或砌体强度。

由四川省建筑科学研究院为主编单位，会同国内多个单位共同编制的行业标准《砌体力学性能现场检测技术标准》目前已完成编制、审查，已上报建设部待批准执行。该标准所列方法共计10种，其检测方法的特点及应用范围见表2－10。

检测方法的特点及应用范围　　表2-10

序号	检测方法	特　点	测强值域
1	原位轴压法	1. 属原位检测，直接在墙体上测试，测试结果综合反映了材料质量和施工质量的影响 2. 直观性、可比性强 3. 槽间砌体每侧的墙体宽度不应小于1.5m 4. 墙体局部破损，同一墙体上的测点数量不宜多于1个，测点数量不宜太多 5. 限用于240mm厚砖墙 6. 设备较重	工程中常用砂浆、普通砖的砌体抗压强度
2	扁顶法	1. 属原位检测，直接在墙体上测试，测试结果综合反映了材料质量和施工质量的影响 2. 直观性、可比性较强 3. 槽间砌体每侧的墙体宽度不应小于1.5m 4. 墙体局部破损，同一墙体上的测点数量不宜多于1个，测点数量不宜太多 5. 扁顶重复使用率较低 6. 砌体强度较高或轴向变形较大时，难以测出抗压强度 7. 设备较轻	工程中常用砂浆、普通砖的砌体抗压强度砌体工作应力砌体弹性模量
3	原位单剪法	1. 属原位检测，在墙上直接测定砌体抗剪强度，不需换算系数综合反映了材料质量和施工质量的影响 2. 直观性较强 3. 测点限于选在窗下墙部位，且承受反作用力的墙体应有足够长度 4. 墙体局部破损 5. 测点数量不宜太多	常用砂浆的砌体抗剪强度

续表

序号	检测方法	特　点	测强值域
4	原位单砖双剪法	1. 属原位检测，综合反映了材料质量和施工质量的影响 2. 直观性较强 3. 设备较简便 4. 适用于烧结普通砖墙体其他墙体，应经试验确定有关换算系数 5. 墙体局部破损	砂浆强度 $f_2 \geqslant 5\text{MPa}$
5	推出法	1. 属原位检测，综合反映了材料质量和施工质量的影响 2. 专用测试设备较简便 3. 可用于烧结或非烧结普通砖墙体 4. 水平灰缝的砂浆饱满度低于65%时，不宜选用 5. 墙体局部破损	常用砂浆强度
6	筒压法	1. 属取样检测，适用于评定多品种砌筑砂浆的强度 2. 适用于评定烧结普通砖墙体中砌筑砂浆的强度其他品种砖墙，应经试验确定计算公式 3. 需试验室配合，一般混凝土试验室不需新增专用设备 4. 墙体局部破损	常用砂浆强度
7	砂浆片剪切法	1. 属取样检测 2. 适用于评定烧结普通砖砌体中砌筑砂浆的强度 3. 需专用的砂浆测强仪及其标定仪仪器较轻便 4. 试验工作较简便 5. 墙体局部损伤	常用砂浆强度

续表

序号	检测方法	特　点	测强值域
8	回弹法	1. 属于原位无损检测，可随意布置和增加测区对墙体无损伤 2. 回弹仪有定型产品，性能较稳定，操作简便 3. 适用于评定烧结普通砖砌体中砂浆的强度 4. 适宜于砂浆强度均质性普查 5. 墙体装修面层局部损伤	砂浆强度 $f_2 \geqslant 2MPa$
9	点荷法	1. 属取样检测 2. 试验工作较简便 3. 需要小吨位试验机和专用加荷头 4. 墙体局部损伤	砂浆强度 $f_2 \geqslant 2MPa$
10	射钉法	1. 属原位无损检测，可随意布置和增加测区对墙体无损伤 2. 射钉枪，子弹，射钉有配套定型产品，设备较轻便 3. 适用于烧结普通砖和多孔砖砌体中砌筑砂浆强度匀质性普查 4. 定量确定砂浆强度，宜与其他检测方法配合使用 5. 检测前，枪、弹需要用标准靶检校 6. 墙面装修面层局部损伤	砂浆强度 $f_2 \geqslant 2MPa$

由上表介绍的砌体力学现场检测方法，按其测试内容不同可分为下列几类：

（1）检测砌体抗压强度类：原位轴压法、扁顶法；

（2）检测砌体工作应力、弹性模量类：扁顶法；

（3）检测砌体抗剪强度类：原位单剪法、原位单砖双剪法；

(4) 检测砌筑砂浆强度类：推出法、筒压法、砂浆片剪切法、回弹法、点荷法、射钉法。

今后，待该标准颁布实施后，可视施工现场情况选取检测方法，以解决工程中的有关具体问题。

8. 删除条文：同《规范》条文删除原因说明见表2－11

删除条文说明　　表2－11

序号	原《规范》条文	删除原因
1	3.2.1…… 水泥、有机塑化剂和冬期施工中掺用的氯盐等的配料准确度应控制在±2%以内；砂、水及石灰膏、电石膏、粘土膏、粉煤灰、磨细生石粉等组分的配料精确度应控制在±5%范围内。砂应计入其含水量对配料的影响	本条的这部分内容，都是工艺操作过程的要求，其目的是更好保证砌筑砂浆的强度和减小强度的离散性。实际操作中，很难去检查各种组分材料的配料准确度，故予删除。而只强调各组分材料应重量计量
2	3.2.2 为使砂浆具有良好的保水性，应掺入无机或有机塑化剂，不应采取增加水泥用量的方法	本条之规定属于进行砂浆配合比设计的一个原则
3	3.2.3 水泥砂浆的最少水泥用量不宜小于200kg/m^3	本条之规定属于进行砂浆配合比设计的一个原则
4	3.2.4 砌筑砂浆的分层度不应大于30mm	同上。另外，在施工中也从不在现场进行砂浆分层度的检验
5	3.2.5 石灰膏、粘土膏和电石膏的用量，宜按稠度120±5mm计量。现场施工中当石灰膏稠度与试配不一致时，可按表3.2.5换算	本条内容属工法
6	3.2.6 施工时砌筑砂浆配制强度应按本规范第2.0.18条施工质量控制等级要求及现行行业标准《砌筑砂浆配合比设计规程》JGJ/T98的有关规定确定	本条的规定属于进行砂浆配合比设计时的考虑方法

续表

序号	原《规范》条文	删除原因
7	3.2.8 水泥混合砂浆中掺入有机塑化剂时，无机掺合料最多可减少一半 水泥砂浆掺入有机塑化剂时，应考虑砌体抗压强度较水泥混合砂浆砌体降低10%的不利影响 水泥粘土砂浆中，不得掺入有机塑化剂	本条中的第1、第3段文字内容在实际工程中不会出现，故予以删除。第2段文字基本内容继续保留
8	3.3.2 砌筑砂浆的稠度，宜按表3.3.2的规定选用	本条内容属工法
9	3.3.5 砂浆拌成后和使用时，均应盛入贮灰器中。如砂浆出现泌水现象，应在砌筑前再次拌合	
10	3.3.7 有特殊性能要求的砂浆，应符合相应标准并满足施工要求	新《规范》中所涉及的专用的小砌块砌筑砂浆应满足《混凝土小型空心砌块砌筑砂浆》JC860的有关规定

第五节　砖砌体工程

1. 关于地面以下或防潮层以下砌体中使用多孔砖的规定(5.1.3条)

原《规范》即GB50203—98第4.4.1条规定：“基础工程和水池、水箱等不得使用多孔砖。”是出于基础工程处于潮湿环境中，有的处于地下水位以下，有的还可能受到侵蚀介质的作用考虑。因而从耐久性要求出发，规定了基础工程不得使用多孔砖；水池、水箱等储液结构，要求壁体结构密实抗渗，故也不得使用多孔砖。

新《规范》对原《规范》的上述规定做了修改。原因之一是，通过调查，在我国南方地区，由于受政策规定的限制，不得生产普通粘土砖，在基础工程中也使用了多孔砖，实践证明也是可行的；原因之二是从理论上分析，如无冻胀条件，即使在潮湿环境或处于地下水位以下，也不会发生冻融问题；原因之三是水池、水箱等储液结构的防水不会依赖砌体本身来防水。鉴于上述理由，在新《规范》编制中将原《规范》的条文做了修改。同时，新《规范》也和设计规范保持了相互协调。

2. 关于砌筑砖砌体时，砖应提前1～2d浇水湿润的规定（5.1.4条）

（1）砖块为何要浇水

烧结普通砖、多孔砖、灰砂砖、粉煤灰砖等在砌筑前进行浇水湿润是一道必不可少的工序，因为它对砖砌体质量和砌筑效率都会产生直接的影响。砖浇水湿润以后，一方面能使灰缝中砂浆的水分不会很快被砖吸去，从而使砂浆强度正常地增长，并且增强了砖面与砂浆之间的粘结；另一方面，能使砂浆保持一定的流动性，因而便于工人操作，并有利于保证砂浆的饱满度和易使灰缝横平竖直。

（2）砖湿润程度对砖与砂浆间粘结的影响

北京市第二建筑公司和陕西省第八建筑公司曾经进行过不同砖含水率对砌体抗剪强度的影响对比试验，试件采用小砌体单剪试验，试验结果是，砌体抗剪强度随着砖的含水率增加而提高，含水率饱和的砖砌筑试件的抗剪强度约为含水率为零的砖砌筑的试件的抗剪强度的二倍，见图2－3。

从试验后砌体砂浆层的破坏程度和砖面粘结情况也说明，砖含水率越大越有利于砂浆与砖的粘结：含水率5%（干砖）的砖砌体试件破坏后，大部分试件的砂浆层整个粘于试件的上面或下面，而砂浆层并未破坏；含水率为5%和10%的砖砌体试件，破坏情况与干砖试件相似，但大部分是折面形破坏（即砂浆层一部分粘在试件一块砖上，一部分粘在另一块砖上），砂浆层本身未

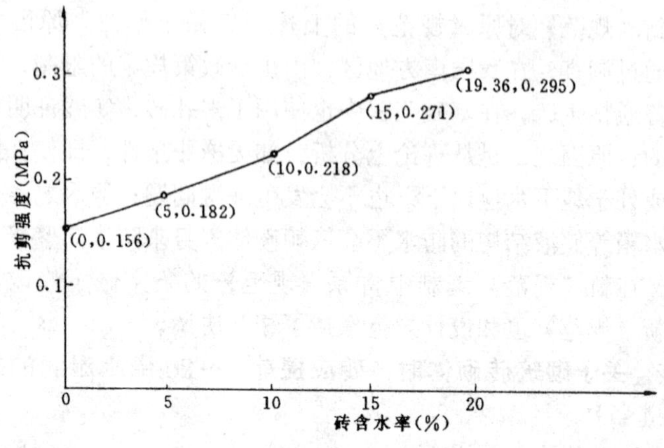

图2-3

破坏；含水率15%的砖砌体试件，也是折面形破坏，但砂浆层本身稍有破坏；含水率20%的砖砌体试件，破坏后整个砂浆层与砖面粘结很好，砂浆本身破坏。

重庆市建筑科学研究院曾进行过灰砂砖含水率对砌体抗剪强度的影响试验，试验结果见表2-12。

近年来，湖南省长沙市城建科研所经过对灰砂砖含水率对砌体抗剪强度的试验得出，砖的含水率为7%～9%时，砌体抗剪强度最好。四川省建筑科学研究院对粉煤灰砖的法向粘接力试验得出，粉煤灰砖砌筑时的最佳含水率为8%～12%。

灰砂砖含水率对砌体抗剪强度的试验结果 表2-12

砖含水率（%）	砂浆强度（MPa）	抗剪强度（MPa）
3	3.79	0.09
7.24	3.79	0.14
16.2	3.79	0.12

国外在这方面的试验资料较多，但结论并不完全相同。据德国的有关资料介绍，采用实心粘土砖进行试验，于砖试件的齿缝

抗剪强度为0.64MPa；在水中浸泡3s的湿砖试件，其相应强度值为0.72MPa；水饱和的砖试件齿缝抗剪强度为0.76MPa。原苏联在50年代对砖砌筑时含水率对砌体粘结强度的影响，做了较多的研究，试验结果得出，砖的含水率为8%~12%时的砖砌体粘结强度最高。可以认为，各国砖的性质的差异，是影响试验结果的主要原因。但试验结果均说明一个问题，不浇水的砖砌筑砌体，其抗剪强度是最低的。

一般来说，砖砌体抗剪强度随着砖的含水率增加而提高，但是，如果砖浇得过湿，表面的水因不能渗进砖内部而会形成水膜，这样势必影响砖和砂浆间的粘结，对抗剪不利。因此，从砌体抗剪强度考虑，砖的含水率还是应该控制在一定的范围内。

(3) 砖含水率对砌体抗压强度的影响

对于普通烧结粘土砖，砖含水率对砌体抗压强度的影响，湖南大学曾作过试验，得出砌体抗压强度随砖的含水率增加而提高的结论，试验结果见表2-13。经整理分析，得出砖含水率对砌体抗压强度的影响系数的公式为：

$$K = 0.84 + \frac{\sqrt[3]{W}}{10}$$

式中　K——影响系数；

W——砖的含水率（以百分数计）。

从表5-2可以看出，采用含水率5%~10%和饱和的砖砌筑的砌体，抗压强度比含水率为零的砖砌筑的砌体分别提高20%和30%左右。

砖含水率对砌体抗压强度的影响　　表2-13

砖强度 (MPa)	砂浆强度 (MPa)	砖含水率 (%)	砌体抗压强度 (MPa)	影响系数 K
6.91	3.88	0	1.63	0.84
6.91	4.29	4.75	1.93	1.01
6.91	2.98	10.8	2.05	1.06
6.91	3.88	20.0（饱和）	2.14	1.11

综上所述，砌筑砌体时，砖的湿润程度的确定，必须考虑对砌体强度的影响和实际操作的要求。当砌筑时砖的含水率适当，被砖所吸收的砂浆中的水分将控制在一定范围内，则能提高灰缝中砂浆的强度和密实性，必将对砌体强度产生有利的影响。如果砌筑时砖的含水率较小，刚铺砌在砖面上的砂浆中的水分很快被砖吸去一些，将导致砂浆难以铺砌均匀，砂浆的硬化也受到影响，最终使砌体强度下降。虽然，从上述一些试验结果看到，砖的含水率高，对提高砌体的强度有利，但是如果将砖浇水湿润到饱和或接近饱和状态，除了现场施工难以做到之外，由于砂浆流动性增大，往往容易使砌体产生滑动变形，并且因砂浆流淌而使墙面不能保持清洁。再有，国外有的试验资料表明，含水率过大，砌体抗剪强度反而降低。所以针对我国的实际情况，在规范中规定：烧结普通砖、多孔砖含水率宜为10%～15%；灰砂砖、粉煤灰砖含水率宜为8%～12%。在施工现场很难测得含水率，通常经验是砖断面的吸水深度达1.5～2cm即符合规定的含水率。

至于砖浇水后的含水率的规定，新规范只在条文中加以说明，因为砖的浇水湿润是一个过程控制要求，但不是一个验收项目，因此要达到具体的含水率也不会在工地进行检验。

3. 关于砖砌体采用铺浆法砌筑时，对铺浆长度的规定(5.1.5条)

（1）砌体的砌筑形式。主要砌筑形式有一顺一丁、梅花丁及三顺一丁，由于各地的习惯不同，使用的形式也不同。从有利于稳定出发，丁砖屋多对墙体的整体性和稳定性有利。设计规范采用一顺一丁的强度值。

空斗墙的砌筑形式，如设计无要求，可采用无眠空斗、一眠一斗、一眠二斗或一眠多斗。每隔1块半砖必须砌1～2块丁砖，墙面不应有竖向通缝。

关于砖柱的砌法，不得采用包心砌法（即先砌四周后填心的砌法）。

现以365mm×365mm砖柱为例来进行分析。此种砖柱一般有两种组砌方法：一种是四周用整砖围砌，中间用半砖填补，即包心砌法；另一种是三块整砖并砌，端头加二块3/4砖对砌。将此二种砌法作一比较可以看出，采用包心砌法的砖柱，中间部分形成通缝，砖柱被分成内外两部分，因而对强度和稳定性都有一定的影响。

另外考虑到现场施工时，一般后填心部分都比较马虎，故规范规定砖柱不得采用包心砌法。

(2) 砖砌体的砌筑法

在多种场合，“砌砖工程宜采用‘三一’砌砖法。当采用铺浆法砌筑时，铺浆长度不得超过750mm；施工期间气温超过30℃时，铺浆长度不得超过500mm”。此条文规定有两重含义，一是砌砖工人的手法宜采用“三一”砌砖法（即一铲灰、一块砖、一揉压的砌筑方法）；二是当采用铺浆法砌筑时，对铺浆长度的限制。下面，将分别对此二个规定做出解释。

①“三一”砌砖法对提高砌体质量有益

当采用“三一”砌砖法砌筑时，有助于提高灰缝砂浆的饱满度，而对多孔砖而言，还对形成孔内“销键”有利，从而提高其砌体强度。下表2－14列出了“三一”砌砖法和铺浆法对砌体抗剪强度的影响的试验结果。

砌砖法对抗剪强度的影响 表2－14

砌筑方法	砂浆强度（MPa）	抗剪强度（MPa）	比值（%）
“三一”砌砖法	4.11	0.421	100
铺浆法	4.11	0.218	51.8

从表中的试验结果可以看出，采用“三一”砌砖法砌筑的砌体的抗剪强度大大高于采用铺浆法，也大大高于《砌体结构设计规范》所规定的粘土砖、空心砖砌体抗剪强度平均值（当 f = 4.11MPa时，$f_{v,m}$ = 0.253MPa），而采用铺浆法则还达不到规范值。

②铺浆后砌砖时间对抗剪强度的影响

在砌体施工过程中，铺浆到砌砖之间有一个时间差，“三一”砌砖法就是减少其时间差的有效施工方法，虽然这种砌砖方法对保证砌体质量有明显效果，但是砌砖速度较之铺浆法慢，因此，与之相应的另一种砌砖法就为铺浆法。在调查中发现，有的施工现场，管理者缺乏质量意识，重视进度而忽视质量，加之管理上采取包工计酬方法，因此，常发现用铁铣铺浆于墙上，其铺浆长度大大超过规范之规定，这必然带来砌筑质量问题。为说明其影响程度，将国内的试验结果列于表 2－15 中。从该表所示结果看出，砂浆铺后砌砖时间间隔越长，砌体的抗剪强度降低越多；气温越高，则降低的幅度更大。又据陕西省建筑科学研究设计院对铺浆后不同时间砌筑的试验结果，采用铺浆法砌筑时，铺浆长度可适当超过 500mm 的规定，改为 750mm，施工期间气温超过 30℃时，铺灰长度不得超过 500mm。

铺浆后砌砖时间对抗剪强度的影响 表 2－15

试件批	气温（℃）	时间间隔（min）	抗剪强度 f_v	
			强度值（MPa）	比值（%）
第一批	15	0	0.125	100
		1	0.120	90
		2.5	0.101	80
		3	0.089	71
第二批	29	0	0.274	100
		1	0.194	71
		3	0.106	39

4. 关于施工时对蒸压（养）砖产品龄期的规定（5.1.10 条）

采用蒸压（养）工艺生产的灰砂砖、粉煤灰，其收缩值较大，特别是在出釜后早期的收缩值大，例如，对于粉煤灰砖，产品标准规定，优等品不大于 0.6mm/m；一等品不大于 0.75mm/m；合格品不大于 0.85mm/m。这种收缩量，约为普通混凝土的2倍。如这类砖出釜后即砌筑上墙，墙体便会普遍产生收缩裂缝，进而影响砌体的整体性、使用功能和美观。工程实践告诉我们，将出釜后的砖放置一个月，其收缩值会完成一半多，在这以后再砌筑上墙是一项行之有效的减少墙体开裂的施工技术措施。

5. 关于砖砌体竖向灰缝的施工要求（5.1.11条）

据了解，在《砌体工程施工及验收规范》GB50203—98的执行过程中，个别施工单位在施工时钻了规范条文的空子，即在原《规范》4.2.2条文规定："……竖缝宜采用挤浆或加浆方法。不得出现透明缝……"之下，采取只在砖的端头外侧挂一点灰浆的方法，而墙体内的竖向灰缝无砂浆，这不仅影响砌体的使用功能，而且还会对砌体的结构性能产生不良影响。

砌体灰缝砂浆的饱满度，是影响砌体强度的一个重要因素。

（1）砖砌体水平灰缝饱满度对砌体强度的影响

当水平灰缝砂浆不饱满，而荷载作用时砖会产生局部受压和受弯，从而对砌体抗压强度带来不利的影响。

四川省建科院通过试验得出，砌体抗压强度与水平灰缝砂浆饱满度的关系为：

$$R_{B}=(0.2+0.8B+0.4B^{2})R$$

式中 R_{B}——水平灰缝砂浆饱满度为B时的砌体抗压强度；

B——水平灰缝砂浆饱满度（以小数计）；

R——设计规范中规定的砌体抗压强度。

从上式可以算出，当 $B=0.73$ 时，$R_{B}=R$。这说明只要水平灰缝砂浆饱满度达到73%，砌体的抗压强度就能达到设计规范中规定的数值。

另外，砌体水平灰缝的砂浆饱满度，还涉及受剪面积的大小，因而直接影响砌体抗剪强度的数值。这一点从抗剪试验中明显地反映出来，凡是饱满度差的试件，其抗剪强度必然偏低，特别是通缝抗剪尤为突出。

（2）砖砌体竖向灰缝砂浆饱满度对砌体强度的影响

竖缝砂浆的饱满度一般对砌体抗压强度的影响不大，但是对砌体的抗剪强度却会产生明显的影响。陕西省建科院曾进行过不同砌筑方法（竖缝砂浆饱满度不同）的砌体抗剪强度对比试验，试件尺寸为1000mm×1000mm×240mm，试验结果见表2－16。

竖缝砂浆饱满度对砌体抗剪强度的影响　　表2－16

砌筑方法	开裂时水平荷载		破坏时水平荷载	
	(kN)	(%)	(kN)	(%)
一般方法	95	100	107	100
每砌一皮砖后铺上砂浆，再用水拌浆灌缝	102	107	122	114
每砌一皮砖后用稀浆灌浆	113	119	125	117

四川省建科院也进行过类似的抗剪对比试验，试件尺寸为1750mm×1750mm×240mm，一组试件采用一般方法砌筑，另一组试件采用一般方法砌筑完毕后再将竖缝内砂浆掏空。试验得到，前者破坏水平荷载为130kN左右，后者约为100kN，即为前者的77%左右。此外，四川省建科院、南京新宁砖瓦厂等单位还对多孔砖砌体进行过抗剪试验研究，得出：当竖缝饱满度基本上是100%时，砌体齿缝抗剪强度比通缝抗剪强度提高50%；如竖缝砂浆很不饱满甚至完全无砂浆时，其强度将损失40%～50%。

以上竖缝砂浆饱满度对砌体抗剪强度影响的试验数据说明，尽管考虑到竖缝砂浆通常是不饱满的，且砂浆在硬化过程中可能因收缩会与砖面脱开，从而现行《砌体结构设计规范》GBJ3—88略去了竖缝砂浆的作用，对砌体齿缝抗剪强度和通缝抗剪强度采用了相同的数值。尽管如此，由于竖缝砂浆对砌体抗剪强度的提高有较大的作用，因此，实际操作中还是应该注意提高竖缝砂浆的饱满度。鉴于此，烧结普通砖砌体、多孔砖砌体、蒸压（养）砖砌体中对竖缝砂浆都应注意。对此，在新《规范》中，将条文修改为："……竖向灰缝不得出现透明缝、瞎缝和假缝"。

6. 关于砖和砂浆强度等级的验收规定（5.2.1条）

(1) 砖和砂浆的强度直接影响砌体的强度

众所周知，石材和砂浆是组成砌体的两种重要材料，砌体要具有一定的承载能力，也就对块材和砂浆的强度提出了要求。我国现行国家标准《砌体结构设计规范》GB50003—2001 在附录 B 中给出的砌体强度平均值计算公式中，砌体强度的影响因素只涉及块体的强度和砂浆的强度（当然，这时指在正常施工条件下的结果）。因此，为了获得足够的砌体强度，以满足设计和使用要求，在砖砌体工程施工中，砖和砂浆的强度等级必须符合设计要求。

(2) 砖强度等级评定方法

①烧结普通砖

烧结普通砖的强度等级依据我国现行国家标准《烧结普通砖》GB/T5101—1998 按表 2-17 确定：

砖的强度等级　　表 2-17

强度等级	抗压强度平均值 $f \geqslant$(MPa)	变异系数 $s \leqslant 0.21$	变异系数 $s \leqslant 0.21$
		强度标准值（MPa）$f_k \geqslant$	单块最小抗压强度值（MPa）$f_{min} \geqslant$
MU30	30.0	22.0	25.0
MU25	25.0	18.0	22.0
MU20	20.0	14.0	16.0
MU15	15.0	10.0	12.0
MU10	10.0	6.5	7.5

强度试验按 GB/T2542 规定进行，取 10 块试验。

②烧结多孔砖

烧结多孔砖的强度等级依照我国现行国家标准《烧结多孔砖》GB13544—92 按表 2-18 确定：

砖的强度等级　　表 2－18

产品等级	强度等级	抗压强度（MPa）		抗折荷重（kg）	
		平均值不小于	单块最小值不小于	平均值不小于	单块最小值不小于
优等品	MU30	30.0	22.0	13.5	9.0
	MU25	25.0	18.0	11.5	7.5
	MU20	20.0	14.0	9.5	6.0
一等品	MU15	15.0	10.0	7.5	4.5
	MU10	10.0	6.0	5.5	3.0
合格品	MU7.5	7.5	4.5	4.5	2.5

强度试验按 GB/T2542 规定进行，抗压强度和抗折荷重试验各取 5 块试验。

③蒸压灰砂砖

蒸压灰砂砖的强度等级依照我国现行国家标准《蒸压灰砂砖》GBJ945—89 按表 2－19 确定：

砖的强度等级　　表 2－19

强度等级	抗压强度（MPa）		抗折强度（MPa）	
	平均值不小于	单块最小值不小于	平均值不小于	单块最小值不小于
MU25	25.0	20.0	5.0	4.0
MU20	20.0	16.0	4.0	3.2
MU15	15.0	12.0	3.3	2.6
MU10	10.0	8.0	2.5	2.0

强度试验按 GB/T2542 规定进行，抗压和抗折强度试验各取 5 块试验。

④粉煤灰砖

粉煤灰砖的强度等级依照我国现行国家标准《粉煤灰砖》GBJ239—91 按表 2－20 确定：

砖的强度等级 表 2-20

强度等级	抗压强度（MPa）		抗折强度（MPa）	
	10 块平均值不小于	单块最小值不小于	10 块平均值不小于	单块最小值不小于
MU20	20.0	15.0	4.0	3.0
MU15	15.0	11.0	3.2	2.4
MU10	10.0	7.5	2.5	1.9
MU7.5	7.5	5.0	2.0	1.5

强度试验按 GB/T2542 规定进行，抗压和抗折强度试验用砖各为 10 块。

（3）砖强度等级检验的取样方法

砖强度等级抽检时的取样方法是：对每一生产厂家提供的每一个强度等级的各类砖，到施工现场以后，按烧结普通砖 15 万块、烧结多孔砖 5 万块、灰砂砖及粉煤灰砖 10 万块各为一个验收批（不足以上数量时按一批计），随机取样。

（4）砌筑砂浆强度等级的评定方法

砌筑砂浆是砌体工程中不可缺少的，且用量很大的建筑材料。它是由无机胶凝材料、细骨料和水拌制而成，为了获取和改善砂浆的某种性质，往往还需要掺入掺合料或外加剂。常用砌筑砂浆可分为水泥砂浆和水泥混合砂浆。其中，水泥砂浆是由水泥、细骨料和水配制成的砂浆；水泥混合砂浆是由水泥、细骨料、掺加料（即为改善砂浆和易性而加入的无机材料，例如：石灰膏、电石膏、粉煤灰、粘土膏等）和水配制成的砂浆。砌筑砂浆的强度等级分为 M15、M10、M7.5、M5、M2.5 五种。

砌筑砂浆的强度等级是以 70.7mm×70.7mm×70.7mm 立方体砂浆试块（一组为 6 块）拆模后，再继续标准养护至 28d 后的抗压强度来确定的。标准养护的条件是：

①水泥混合砂浆温度应为 20℃±3℃，相对温度 60%～80%；

②水泥砂浆和微沫砂浆温度应为 20℃±3℃，相对温度为

90％以上；

③养护期间，试件彼此间隔不少于10mm。

这里，需要指出：砂浆试块制作时，底模材料必须用相应的砖（烧结普通砖、烧结多孔砖、蒸压砂砖、粉煤灰砖等）。

砌筑砂浆强度等级是否符合设计的规定，应由施工中该种砌筑砂浆的试块的抗压强度试验结果来判定：

同一验收批砌筑砂浆试块（应不少于3组，每组6个试块）抗压强度平均值必须大于或等于设计强度等级所对应的立方体抗压强度；最小一组平均值必须大于或等于设计强度等级所对应的立方体抗压强度的0.75倍。

当试块取量少于3组时（即只有1组或2组试块），则每一组试块抗压强度平均值必须大于或等于设计强度等级所对应的立方体抗压强度。

（5）砌筑砂浆强度等级检验的试块取样方法

砌体工程分为砖砌体工程、混凝土小型空心砌块砌体工程、石砌体工程、配筋砌体工程、填充墙砌体工程等五个分项工程。当对其施工质量验收时，各分项工程又可划分为若干个检验批，而每一检验批的确定可根据施工段划分。检验批的最后划分应在施工组织设计中明确。

关于砌筑砂浆强度等级检验中的试块取样规定为：

①抽检数量：每一检验批且不超过250m^3砌体的各种类型及强度等级的砌筑砂浆，每台搅拌机应至少抽检一次。

②砌筑砂浆取样：在砂浆搅拌机口随机取样制作砂浆试块（同一盘砂浆只应制作一组试块）。

（6）检验方法：查砖和砂浆试块试验报告。

7. 关于砖砌体转角处和交接处应同时砌筑的规定(5.2.3条)

（1）震害调查及墙体接槎试验结论

砖砌体房屋在地震作用下的震害特点是破坏率高。例如，1923年日本关东大地震中，7000余幢砖石结构房屋均有不同程度的破坏，可修复使用的房屋仅1000余幢。1948年原苏联阿什哈巴地震，砖石结构房屋有70%～80%的房屋倒塌和破坏。1976年我国唐山大震，砖石结构房屋几乎全部倒塌，夷为平地。统计表明，当遭遇6度、7度地震时，多层砖房就有破坏的可能；遭遇8度、9度地震时，将发生明显的破坏，甚至倒塌；遭遇到11度地震时，几乎全部倒塌。

震害调查还表明，多层砖房的转角墙和内外交接墙的破坏是一种典型的震害。前苏联阿什哈巴地震中和我国唐山大地震中，凡在墙角配有钢筋的砖房，其墙角均无破坏或破坏比较轻微。上述震害调查清楚地说明，砖石砌体结构房屋的转角处和内外墙交接处的连接是一个薄弱部位。

陕西省建筑科学研究设计院曾专门进行砖砌体接槎处接槎形式的试验研究。通过接槎形成几种方案试件的对比试验得到下述结论：

①纵、横墙同时砌筑的整体连接性最好；

②留斜槎的整体连接性比纵、横墙同时砌筑时低7%左右；

③留直槎（不加设拉结钢筋）的整体连接性最差，比纵、横墙同时砌筑时低28%。

④留直槎并设拉结钢筋的整体性比纵、横墙同时砌筑时低15%；破坏时钢筋应力一般平均在50MPa左右，为钢筋屈服强度的1/5，说明其强度远远未能充分发挥出来，这也说明，对纵、横墙连接的整体性起主导作用的，仍然是砖与砂浆之间的粘结力，钢筋的主要作用在于延缓墙体破坏后的倒塌。

（2）抽检数量：每检验批抽20%接槎，且不应少于5处。

（3）检验方法：观察检查。

8. 关于砖砌体水平灰缝饱满度的规定（5.2.4条）

（1）水平灰缝厚度的试验

砌体的水平灰缝厚度对抗压强度会产生明显的影响。当厚度增加时，一方面能使砂浆层铺得比较均匀，可减少砌体内的局部受压，因而提高抗压强度；但另一方面，水平灰缝厚度愈大，则砂浆层的压缩亦愈大，从而相应加大砌体截面内的拉力，对砌体抗压强度带来不利的影响。因此，砌体的水平灰缝应有一个合适的厚度规定。在这方面，国内外都进行过一些试验研究，从这些试验结果看，总的趋势是砌体抗压强度随着水平灰缝厚度的增加而降低。湖南大学对原北京市建工局和澳大利亚墨尔本大学的试验数据进行回归分析后，以平均灰缝厚度10mm作为标准，得出砂浆水平灰缝厚度 t（以mm计）对空心砖砌体和多孔砖砌体抗压强度影响系数 ψ 的计算式为：

$$\psi=\frac{1.4}{1+0.04t}\text{（对实心砖砌体）}$$

$$\psi=\frac{2}{1+0.1t}\text{（对多孔砖砌体）}$$

应该看到，灰缝的适宜厚度与砖的表面平整情况是有密切联系的。一般讲，砖面愈不平整，灰缝厚度也应随之加大，否则，砖面的不平整处就不能由砂浆来完全填补，进而使砌体抗压强度降低。澳大利亚墨尔本大学的试验表明，表面磨光和用锯修平的砖砌体强度（无灰缝而采用干砌的试件）与灰缝厚度为10.24mm的砌体强度之比值为1.62、0.86及1.00。

(2) 水平灰缝厚度的规定

根据上述试验结果，用湖南大学回归分析得出的砂浆水平灰缝厚度对砌体抗压强度的影响系数公式计算，对实心砖砌体，当水平灰缝厚度为12mm和8mm时，其 ψ 值分别为0.946和1.061。同样，经计算，对多孔砖而言，其 ψ 值分别为0.909和1.111。所以从理论上讲，为了使砌体抗压强度的降低值控制在5%，实心砖和多孔砖砌体的水平砂浆灰缝厚度应分别不超过12mm及11mm，为统一起见，均统一按12mm控制。

对水平灰缝8mm的规定，主要是考虑以下几个因素：

①我国现行砖标准规定的合格品砖的弯曲允许值为5mm，如果灰缝厚度小于8mm，则会因局部砖之间没有砂浆而发生应力集中现象，从而降低砌体强度；

②砌体中配筋的直径一般为 6mm，灰缝过薄将不能使钢筋完全埋入砂浆中，无论对钢筋的保护还是锚固，都是不利的；

③规定灰缝厚度的上、下限，有利于适应层高和结构的变化，通过灰缝厚度调整来合理安排砖的皮数。

对于空斗墙，由于砌体在相同高度情况下，其水平灰缝的数量比一般砌体要少，所以水平灰缝厚度的规定要加大一点。

在实际施工中，应将设计好的水平灰缝厚度，标志到皮数杆上。只要按规定设置皮数杆，根据皮数杆的标志拉线操作，水平灰缝厚度就能得到有效控制。

9. 关于临时间断处留直槎的规定（5.2.4 条）

(1) 对抗震设防烈度 6 度、7 度地区砖砌体施工的临时间断处，除转角处外，可留直槎，并规定，必须做成凹凸（即阳槎）。较之原《规范》有了修改。

一栋房屋的内外墙，当不能同时砌筑时，一般都是先砌外墙，在内外墙接头处预留内墙槎，随后砌筑内墙时再进行接槎。由此看出，留槎的方法合理与否，直接影响到砖墙的砌筑质量，特别是影响内外墙连接的整体性，这对于抗震设防地区的建筑物，更是一个关键的问题。根据地震震害调查，一般砌体结构的墙体破坏主要都发生在内外墙接槎处，而且这些墙施工时基本上都是留的直槎，在接槎处可以明显地看到砂浆很不饱满，甚至有的砖是空插入的，没有砂浆与之粘结。对此，规范第 4.1.9 条对砖砌体转角处和交接处的砌筑方法做出了明确规定。同时，为了进一步强调有关规定，将原规范相应条文中“如临时间断处留斜槎确有困难时，除转角处外，也可留直槎……”修改为“施工中不能留斜槎时，除转角处外，可留直槎……”。修改后的条文意思十分明确，当斜槎不能施工时（并非确有困难），除转角处外，接槎形式可以放松。这一点改动，在执行中应加注意。

①临时间断处留槎形式

为较深入地了解砖砌体临时间断处留槎形式对结构受力性能的影响，陕西省建筑科学研究设计院曾专门进行过砖砌体临时间断处留槎形式的试验研究。试件采用工字形墙片，其翼缘部分视为纵墙，腹板部分视为横墙，见图 2－4 所示。

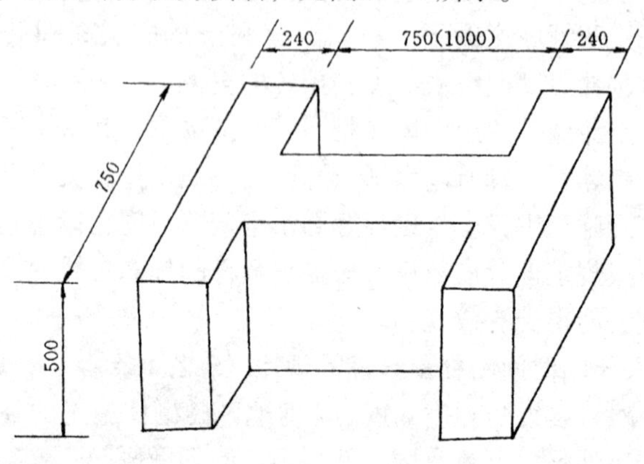

图 2－4　试件示意图

留槎形式分为四种方案：

1）同时砌筑（即不留槎）；

2）斜槎（即踏步槎）；

3）直槎；

4）直槎加拉筋，即大多在试件 1/2 高度处的灰缝中放置 2ϕ6.5 拉结筋，一个试件在 1/4 和 3/4 高度处灰缝内各放置 2ϕ6.5 钢筋。钢筋上贴存电阻片，测定加荷过程中钢筋应力的变化。

以上每类试件各六个，总共 24 个试件。

墙片试件由一名技术水平中等偏上的瓦工砌筑。所用材料为，普通粘土砖 MU10（100），水泥石灰砂浆 M5。砌筑时，砖的含水率控制在 10%～15%范围内，砂浆稠度 70～80mm。经实测，墙片水平灰缝砂浆饱满度平均在 73%左右。砌筑时，除同时砌筑方案的墙片一次完成外，其它留槎方案的墙片分两次进行，两次砌筑时间间隔为 3～4d。

墙片砌成后，在室内自然养护 28d 以上，养护期间平均温度为22℃左右，然后进行试验。试验时，采用两台小吨位同步液压千斤顶加载，（外墙加荷处另设置传力钢垫板），直至试件破坏。试验结果列于表2-20。

试件的破坏，具有以下一些特点：

1）同时砌筑试件最终在内、外墙交接处是直槎破坏状，其它三类试件的破坏面均在接槎处；

2）直槎加筋试件，由于配有拉结钢筋，其破坏有一个短暂过程，而其它方案试件，均系突然性破坏；

3）直槎加筋试件中的拉结筋，在加荷初期其应力很小，直至加荷到破坏荷载的50%时，应力还不超过5MPa，加荷至80%破坏荷载时，应力为10～15MPa；临近破坏时，应力才突然增大；但一般也只有40～60MPa，个别最大值为80MPa，远远达不到试验用钢筋的屈服强度225MPa这一数值；

4）在整个试验过程，未发现钢筋有滑移现象。

②根据试验结果和试件的破坏特点，现作如下分析：

由上表介绍的砌体力学现场检测方法，按其测试内容不同可分为下列几类：

1）检测砌体抗压强度类：原位轴压法、扁顶法；

2）检测砌体工作应力、弹性模量类：扁顶法；

3）检测砌体抗剪强度类：原位单剪法、原位单砖双剪法；

4）检测砌筑砂浆强度类：推出法、筒压法、砂浆片剪切法、回弹法、点荷法、射钉法。

对每个具体工程，可视施工现场情况选取检测方法，以解决工程中的有关具体问题。

（2）对抗震设防烈度6度、7度地区，留直槎处拉结钢筋埋入长度规定加大为1000mm，以便与其他相应规范规定相协调。

（3）对120mm厚砖墙，新《规范》明确应放置2ϕ6拉结钢筋的规定，较原《规范》明确，操作性强。

10．砖砌体轴线位置及垂直度做为主控项目（5.2.5条）

砌体中轴线位置及垂直度是关系结构受力安全性保障的两项

重要指标，将他们作为主控项目是恰当的。同时，经过多年的工程实践，其允许偏差的规定也是适宜的。对于轴线位置及垂直度的偏差不规定极限偏差的问题，一是鉴于《建筑工程施工质量验收统一标准》GB50300—2001 没有具体要求（在规范的编制过程中，曾经有过这个规定）；二是若要定极限偏差十分繁杂，它与砌体的尺寸大小、受力状况都有关，不能简单地按一定的倍数确定，这就缺乏科学性。

11. 关于砖砌体组砌方法的规定（5.3.1条）

（1）错缝与搭砌

为增强砌体的整体性，块材应上下错缝，相互搭砌。

对此，应避免“通缝”的出现。所谓“通缝”，即是上下皮块材搭接长度小于某一规定数值的竖向灰缝。对砖砌体而言，这个数值规定为 25mm。

（2）砖柱不得采用包心砌法

关于砖柱的砌法，规范第 4.2.1 条规定，不得采用包心砌法（即先砌四周后填心的砌法）。

现以 365mm×365mm 砖柱为例来进行分析。此种砖柱一般有两种组砖方法：一种是四周用整砖围砌，中间用半砖填补，即包心砌法；另一种是三块整砖并砌，端头加二块 3/4 砖对砌。将此二种砌法作一比较可以看出，采用包心砌法的砖柱，中间部分形成通缝，砖柱被分成内外两部分，因而对强度和稳定性都有一定的影响。

陕西省建筑科学研究设计院曾针对砌筑方法对砖柱强度的影响，进行过 365mm×365mm×2920mm 砖柱的小偏心（偏心矩为$\frac{1}{6}$h）受压试验。试件共分为五类：第一类为正确砌法，每 3～5 皮进行一次刮斗灌浆；第二类采用包心砌法，每 3～5 皮进行一次刮斗灌浆；第三类采用包心砌法，每皮均进行刮斗灌浆；第四类采用包心砌法每皮都用稀砂浆灌缝；第五类采用包心砌法，每 3～5 皮进行一次刮斗灌浆，并用每隔 8 皮砖加设 $\phi4$ 钢筋网片（纵横各3根钢筋）一片。试压结果为，除加设钢筋网片的第五类试件的承载力比其他各类高20%左右外，其余几类试件的承载力基本相同。

虽然得出了上述试验结果，但考虑到现场施工时，一般后填心部分都比较马虎，故规范规定砖柱不得采用包心砌法。

12. 关于砌体水平灰缝厚度的规定（5.3.2条）

（1）水平灰缝厚度的规定

①水平灰缝厚度的试验

砌体的水平灰缝厚度对抗压强度会产生明显的影响。当厚度增加时，一方面能使砂浆层铺得比较均匀，可减少砌体内的局部受压，因而提高抗压强度；但另一方面，水平灰缝厚度愈大，则砂浆层的压缩亦愈大，从而相应加大砌体截面内的拉力，对砌体抗压强度带来不利的影响。因此，砌体的水平灰缝应有一个合适的厚度规定。在这方面，国内外都进行过一些试验研究，从这些试验结果看，总的趋势是砌体抗压强度随着水平灰缝厚度的增加而降低。湖南大学对原北京市建工局和澳大利亚墨尔本大学的试验数据进行回归分析后，以平均灰缝厚度10mm作为标准，得出砂浆水平灰缝厚度 t（以mm计）对空心砖砌体和多孔砖砌体抗压强度影响系数 ψ 的计算式为：

$$\psi=\frac{1.4}{1+0.04t}\text{（对实心砖砌体）}$$

$$\psi=\frac{2}{1+0.1t}\text{（对多孔砖砌体）}$$

应该看到，灰缝的适宜厚度与砖的表面平整情况是有密切联系的。一般讲，砖面愈不平整，灰缝厚度也应随之加大，否则，砖面的不平整处就不能由砂浆来完全填补，进而使砌体抗压强度降低。澳大利亚墨尔本大学的试验表明，表面磨光和用锯修平的砖砌体强度（无灰缝而采用干砌的试件）与灰缝厚度为10.24mm的砌体强度之比值为1.62、0.86及1.00。

②水平灰缝厚度的规定

根据上述试验结果，用湖南大学回归分析得出的砂浆水平灰缝厚度对砌体抗压强度的影响系数公式计算，对实心砖砌体，当水平灰缝厚度为12mm和8mm时，其ψ值分别为0.946和1.061。同样，经计算，对多孔砖而言，其ψ值分别为0.909和1.111。所以从理论上讲，为了使砌体抗压强度的降低值控制在5%，实心砖和多孔砖砌体的水平砂浆灰缝厚度应分别不超过12mm及11mm，为统一起见，均统一按12mm控制。

对水平灰缝8mm的规定，主要是考虑以下几个因素：

1）我国现行砖标准规定的合格品砖的弯曲允许值为5mm，如果灰缝厚度小于8mm，则会因局部砖之间没有砂浆而发生应力集中现象，从而降低砌体强度；

2）砌体中配筋的直径一般为6mm，灰缝过薄将不能使钢筋完全埋入砂浆中，无论对钢筋的保护还是锚固，都是不利的；

3）规定灰缝厚度的上、下限，有利于适应层高和结构的变化，通过灰缝厚度调整来合理安排砖的皮数。

对于空斗墙，由于砌体在相同高度情况下，其水平灰缝的数量比一般砌体要少，所以水平灰缝厚度的规定要加大一点。

在实际施工中，应将设计好的水平灰缝厚度，标志到皮数杆上。只要按规定设置皮数杆，根据皮数杆的标志拉线操作，水平灰缝厚度就能得到有效控制。

（2）水平灰缝厚度的检验方法

关于砖砌体水平灰缝厚度的检验方法原《规范》和新《规范》的规定是不相同的。新《规范》为何做了变化？主要是从新《规范》对设置皮数杆没有明确的要求（因它属于工法）来考虑的。从施工质量验收规范来讲，不需要具体规定施工的方法，而只要求明确要达到的质量标准。

13. 关于砌体一般尺寸允许偏差的规定（5.3.3条）

对原《规范》GBJ300—88中规定的砖砌体尺寸和允许偏差的规定，根据其对结构安全性方面的影响程度，把诸多的项目划分为两类，即主控项目和一般项目。主控项目只有轴线位置和墙面垂直度，除此之外的其他项目均属一般项目，其允许偏差值与原《规范》同。

14．删除条文：原《规范》条文删除原因说明见表2－21

删除条文说明　　表2－21

序号	原《规范》条文	删除原因
1	4.1.5 砌砖工程宜采用“三一”砌砖法……	该条这部分文字内容属工法
2	4.1.7 非直角砌体的角砖宜采用无齿锯加工制作	该条内容属工法
3	4.2.9 设有钢筋混凝土抗风柱的房屋，应在柱顶与屋架以及屋架间的支撑均已连接结固定后，方可砌筑山墙	该条规定属一般施工程序
4	4.2.10 砌筑水池、化粪池、窨井和检查井，尚应符合下列规定：(略)	该条的部分内容不属砌体工程施工内容，另外内容属一般施工要求
5	4.3 空斗墙	空斗墙在砌体工程中已应用极少
6	4.4.3 砌体宜采用一顺一丁或梅花丁的形式	砖的砌筑形式如无指定，可不做规定
7	4.4.6 多孔砖坡屋顶房屋的顶层内纵墙顶，宜增加支撑端山墙的踏步式墙垛	该条规定属设计内容
8	4.4.7 门、窗、洞口的预埋木砖、铁件等应采用与多孔砖横截面一致的规格	该条内容属一般施工要求
9	4.5.3 防潮层以上的砖砌体，应采用水泥混合砂浆砌筑；有条件时，可采用高粘性能的使用砂浆	该条内容属设计内容和一般施工要求

续表

序号	原《规范》条文	删除原因
10	4.5.4 蒸压（养）砖砌体的砌筑形式、灰缝砂浆的施工质量要求应符合本规范第 4.2.1 条～第 4.2.3 条的规定	该条对砌筑形式的规定属工法；砂浆施工质量要求在砖砌体工程中有统一要求，不再按砖的类别规定
11	4.5.5 蒸压（养）砖砌体的日砌筑高度不应超过一步脚手架高度或 1.5m	该条内容属工法
12	4.5.6 蒸压（养）砖砌体中的过梁采用钢筋混凝土过梁	该条内容属设计考虑的一般做法
13	4.6 筒拱	目前，筒拱在砌体工程中应用极少

第六节 混凝土小型空心砌块砌体工程

1. 关于小砌块建筑的特点

小砌块建筑，由于技术和经济效果比较好，是我国近 20 年来兴起的适应墙体改革和建筑体系发展的建筑结构型式。小砌块建筑有如下一些特点：

①不毁农田、节煤（砌块生产所耗用的能源不足粘土砖的一半），符合国家经济发展政策；

②砌块建筑自重轻，较 240mm、370mm 厚实心砖墙砌体减轻自重分别为 30% 和 50%，对抗震有利，同时也减轻了地基压力；

③节省砂浆，砌筑砂浆可节省 70% 以上，而且由于墙面平整，抹灰砂浆也可以节省 25% 左右；

④增加房间的使用面积 3%～5%；

⑤适用于建造高层配筋建筑；

⑥工程造价与砖混结构相比，不增加造价；

⑦小砌块建筑的“热”、“冷”、“裂”、“渗”、“漏”问题较普遍。其中，裂缝对墙体常因此而导致渗漏。

2. 关于对施工时所用小砌块生产龄期的规定(6.1.2条)

(1) 混凝土的干燥收缩是材料的一个基本特性

混凝土在其硬化过程中体积是会发生变化的，这种变化与下列因素有关：含水量变化、温度变化、碳化、外力的作用（弹性变形呈徐变变形）等。其中，引起体积变化的关键是前两项。使用普通水泥（即普通硅酸盐水泥）的混凝土，如从完全饱水状态变成完全干燥状态，干燥收缩为5×10^{-4}～10×10^{-4}左右。这种变化不能忽视。

混凝土的干燥收缩与使用材料、混凝土配合比、构件的形状和尺寸、养护条件、混凝土的龄期、外加剂等的影响有关，即：

①水泥品种：高强度等级水泥制成的混凝土收缩较大；

②水泥及用水量：水泥越多，收缩越大；水灰比越大，收缩越大；

③骨料性质：骨料的弹性模量大，收缩小；

④养护条件：在硬结过程中周围湿度大，收缩小；

⑤混凝土制作方法：混凝土越密实，收缩越小；

⑥使用环境：湿度大，收缩小；

⑦混凝土产品（构件）体积/表面积比值：比值大时，收缩小。

试验研究还表明，混凝土的干燥收缩值随时间的变化而变化：龄期越短，收缩变化越明显；龄期越长，收缩变化越缓慢。在龄期一个月时，混凝土的干燥收缩即可完成最终收缩的60%左右。

(2) 混凝土小砌块建筑墙面易产生裂缝

混凝土小砌块建筑有许多优点，加上我国可耕地不太多，将逐步禁止烧制粘土砖，因此，近些年来这种建筑发展较快。但是，这类建筑存在的一个突出问题是，墙在裂缝比较普遍。这不仅影响美观，而且对房屋的整体性能会带来一定的不良影响。墙面裂缝产生的原因固然是多方面的（例如混凝土小砌块生产中可能出现肉眼看不见的微细裂缝；地基的不均匀沉降；温度应力作用；收缩裂缝及受力作用等等），但块材（系指混凝土小砌块）砌于墙上之后的继续收缩是出现墙面裂缝的一个重要原因。

（3）施工时所用的小砌块的产品龄期不应小于 28d 的规定有益于房屋墙面裂缝的减少或消除。

干燥收缩是小砌块的特性。在正常生产工艺条件下，小砌块的干燥收缩约为 0.37mm/m，经 28d 养护后收缩值可完成 60%。因此，适当延长砌筑的养护时间，能减少因小砌块收缩过多而引起的墙体裂缝。

（4）检查方法：查看各验收批小砌块的出厂合格证上标注的生产日期及强度的检验报告上标注的小砌块生产日期。

3. 关于专用小砌块砌筑砂浆（6.1.4 条）

专用小砌块砌筑砂浆是指符合国家现行标准《混凝土小型空心砌块砌筑砂浆》JC860 的砌筑砂浆，该砂浆可提高小砌块与砂浆间的粘结力，且施工性能好。

(1)性能特点：与传统的砌筑砂浆相比，可使砌体灰缝饱满、粘结性能提高，减少墙体开裂和渗漏，提高砌筑质量。

(2) 标记及等级：Mb5.0、Mb7.5、Mb10.0、Mb15.0、Mb20.0、Mb25.0、Mb30.0。

(3)材料及配合比

①水泥：一般采用普通硅酸盐水泥或矿渣硅酸盐水泥；

②砂：宜采用中砂；

③消失灰：应符合 JC/T481 规定的钙质消石灰粉。采用生石灰熟化的石灰膏，用孔径不大于 3mm×3mm 的网过滤，熟化时间不少于 7d。沉淀池贮存的石灰膏，应防止干燥、冻结和污染，严禁使用脱水硬化的石灰膏；

④掺合料：粉煤灰和其他掺合料；

⑤外加剂：减水剂、早强剂、促凝剂、缓凝剂、防冻剂、颜

料等，外加剂必须符合《混凝土外加剂应用技术规范》GBJ119 的规定；

⑥水：符合《混凝土拌合用水》JGJ63 的规定；

⑦配合比：见表 2－22。

参考配合比 表 2－22

强度等级	水泥砂浆					混合砂浆（Ⅰ）					混合砂浆（Ⅱ）					
	水	粉煤灰	砂	外加剂	水	水泥	消石灰膏	砂	外加剂	水	水泥	石灰膏	粉煤灰	砂	水	外加剂
Mb5.0						1	0.9	5.8	√	1.36	1	0.66	0.66	8.0	1.20	√
Mb7.5						1	0.7	4.6	√	1.02	1	0.42	0.15	6.6	1.00	√
Mb10.0	1	0.32	4.41	√	0.79	1	0.5	3.6	√	0.81	1	0.20	0.20	0.54	0.80	
Mb15.0	1	0.32	3.76	√	0.74	1	0.3	3.0	√	0.74	1	0.9	–	4.5	0.75	√
Mb20.0	1	0.23	2.96	√	0.55	1	0.3	2.6	√	0.53	1	0.45	–	4.0	0.54	√
Mb25.0	1	0.22	2.53	√	0.54											
Mb30.0	1		2.00	√	0.52											

注：Mb5.0～Mb20.0 用 325 号普通硅酸盐水泥或矿渣水泥；
Mb25.0～Mb30.0 用 32.5 号普通硅酸盐水泥或矿渣水泥。

（4）技术要求

①抗压强度：强度指标相应于一般砌筑砂浆的抗压强度；

②密度：水泥砂浆不应小于 $1900kg/m^3$，水泥混合砂浆不应小于 $1800kg/m^3$；

③稠度：50～80mm；

④分层度：10～30mm；

⑤抗冻性：有抗冻设计要求的砂浆，经冻融试验后，质量损失不大于 5%，强度损失不大于 25%。

（5）材料供应

有干拌砂浆供应，50kg 为一袋，自生产日期起超过三个月以后，应重新取样试验确定强度等级。同时，也有专用外加剂供应。

4. 关于承重墙体严禁使用断裂小砌块的规定（6.1.7条）

（1）普通混凝土小型空心砌块外观质量对裂纹的规定

根据我国现行国家标准《普通混凝土小型空心砌块》GB8239—1997的规定，对小砌块裂纹的外观质量要求如下：

对优等品(A)：裂纹延伸的投影尺寸累计不大于0，即不允许出现裂纹；

对一等品（B)：裂纹延伸的投影尺寸累计不大于20mm；

对合格品（C)：裂纹延伸的投影尺寸累计不大于30mm。

从以上标准可以看出，每一小砌块中裂纹延伸的投影尺寸累计超过30mm时，属不合格品，不能在工程中使用。

（2）承重墙体严禁使用断裂小砌块

这里所称“断裂小砌块”是指裂纹比较严重（即裂纹的宽度比较宽，长度比较长的状态），具体的标准就是超过小砌块合格品的标准。按产品检验规划，小砌块按外观质量等级和强度等级验收。它以同一种原材料配制成的相同外观质量等级、强度等级和同一生产工艺的10000块小砌块为一批，每月生产块数不足10000块者亦按一批考虑。并规定，每批随机抽取32块做尺寸偏差和外观质量。

根据统计理论分析，随机抽样检验产品的质量，仍会出现不合格的风险。尽管出厂检验合格（优等品、一等品、合格品），到施工现场又抽样检验合格，但仍不排除在每检验批的小砌块中还有不合格的小砌块存在的可能性。因此，强调在施工中承重墙体严禁使用断裂小砌块。这是把好小砌块砌体质量关的一个重要措施。

（3）检查方法：施工方与非施工方质量监督人员经常在现场观察检查。同时，砌筑工人也应注意对小砌块的检查，不得使用断裂的小砌块。

5. 关于小砌块砌筑时的对孔错缝搭砌（6.1.8条）

（1）对孔

小砌块砌筑时应注意对孔砌筑，即上、下皮小砌块孔洞要对齐，使上、下皮小砌块的壁、肋可较好地相互叠合在一起，从而较好地传递竖向荷载和水平剪力，保证砌体的整体性和强度。

(2) 错缝

小砌块砌筑时的错缝即是上、下皮小砌块应相互搭砌，以不致出现通缝，增强相互间的连接整体性。新《规范》将错缝搭砌的最小长度由原《规范》规定的120mm修改为90mm，这是从实际出发考虑的，因为在纵横墙连接处有可能满足不了搭砌最小长度为120mm的规定。

6. 关于小砌块砌筑中的反砌规定（6.1.9条）

混凝土小砌块的生产采用抽芯工艺。该工艺就决定了芯模必须要有一定斜度。从而就使小砌块的肋厚沿小砌块高度方向是变化的，即底面肋宽，顶面肋窄。

按照我国现行国家标准《普通混凝土小型空心砌块》GB829—1997的规定，小砌块最小外壁厚度不小于30mm，最小肋厚应不小于25mm。可见，其壁厚及肋厚是比较小的。为保证小砌块砌体的整体受力性能，水平灰缝饱满度应按净面积计算不能低于90%。比对砖砌体水平灰缝饱满度的要求高。对此，上述标准还明确规定：小砌块肋厚较大的面为铺浆面；小砌块肋厚较小的面为坐浆面。这一砌筑形式，也是和确定小砌块砌体强度试件的砌筑形式完全一致的。

检查方法：施工方和非施工方质量监督人员经常到现场观察检查。

7. 关于专用小砌块灌孔混凝土（6.1.10条）

专用小砌块灌孔混凝土是指符合国家现行标准《混凝土小型空心砌块灌孔混凝土》JC861的混凝土。该专用小砌块灌孔混凝土施工性能很好，故宜选用。

(1) 性能特点：用于芯柱混凝土的浇灌易灌密实。

(2) 标记及强度等级：Cb20、Cb25、Cb30、Cb35、Cb40。

(3) 材料及配合比：

①水泥：采用普通硅酸盐水泥或矿渣硅酸盐水泥。

②集料：粗集料最大粒径不大于16mm，细集料宜采用中砂。

③掺合料：粉煤灰或其他掺合料。

④外加剂：减水剂、早强剂、促凝剂、缓凝剂、膨胀剂等。

⑤配合比：见表2－23。

参考配合比 表2－23

强度等级	水泥强度等级MPa	配合比					
		水泥	粉煤灰	砂	碎石	外加剂	水灰比
Cb20	32.5	1	0.18	2.63	3.63	√	0.48
Cb25	32.5	1	0.18	2.08	3.00	√	0.45
Cb30	32.5	1	0.18	1.66	2.49	√	0.42
Cb35	42.5	1	0.19	1.59	2.35	√	0.47
Cb40	42.5	1	0.19	1.16	1.68	√	0.45

（4）技术要求

①抗压强度：对应于C20、C25、C30、C35、C40的强度。

②塌落度：不宜小于180mm。

③均匀性：拌合物应均匀，颜色一致、不泌水。

④抗冻性：设计有抗冻要求时，经冻融试验后，质量损失不大于5%，强度损失不大于25%。

8. 关于小砌块和砂浆强度等级验收（6.2.1条）

（1）小砌块强度等级的评定方法见表2－24。

小砌块强度等级 表2－24

强度等级	砌块抗压强度（MPa）	
	平均值不小于	单块最小值不小于
MU3.5	3.5	2.8
MU5.0	5.0	4.0
MU7.5	7.5	6.0
MU10.0	10.0	8.0
MU15.0	15.0	12.0
MU20.0	20.0	16.0

强度试验按 GB/T4111 进行，抗压强度试验用小砌块 5 块。

（2）小砌块强度等级检验的取样方法

小砌块强度等级抽检时的取样方法是：对每一生产厂家的每一个强度等级的小砌块，到施工现场以后，按每 1 万块小砌块至少抽一组；用于多层以上建筑基础和底层的小砌块每 1 万块小砌块至少抽 2 组，抽样采用随机取样的方法。

（3）小砌块强度等级的检验方法：检验小砌块等级试验报告。

（4）砂浆强度等级评定方法

小砌块砌体中砌筑砂浆的确定方法及砌筑砂浆强度等级检验的试块取样方法均同于砖砌体工程。但是，在砂浆制作时所采用的试块底模材料两者是不相同的。在砖砌体工程中，试块的底模采用与工程使用相同的砖（砖的吸水率不小于 10%，含水率不大于 2%）；而混凝土小型空心砌块砌体工程中，这种现象务必在砂浆的配合比试验和检验施工中砌筑砂浆试块强度时充分注意。

为了说明砂浆试块底模材料对试块立方体抗压强度的影响，这里引用一个结果，用烧结普通砖（砖含水率低于 2%，下同）、蒸压灰砂砖及铁底板做砂浆试块底模时，相应的砂浆试块标准养护 28d 的强度比为 1.00∶0.74∶0.50。造成试块强度差异的原因是，早期底模吸水的多与少，直接影响砂浆强度密度的大与小，进而影响砂浆的强度，即密度大时强度高，密度小时强度低。

9. 关于小砌块砌体中墙体转角处、纵横墙交接处和临时间断处的砌筑要求（6.2.3 条）

（1）小砌块砌体中墙体转角处和纵横墙交接处同时砌筑以及临时间断处只允许砌成斜槎是墙体整体性的重要保证措施。

在前面砖砌体工程中相应的强制性条文可以看到，砌体结构中的房屋转角处和纵横墙交接处是受力（特别是地震荷载作用下）的薄弱部位。因此，这些部位的砌筑应同时砌筑。对混凝土小砌块工程而言，由于小砌块孔洞大，砌块壁、肋很薄、砌筑砂浆粘结面积有限，使得砌体本身的整体性受到影响。因此，更应在砌体的转角处和纵横墙交接处同时砌筑。

这里，我们还必须注意到，小砌块孔洞大，砌块壁、肋很薄，将使得直槎的补砌变得十分困难，即使小砌块补砌到位，也不能保证直槎的有效连接（砌筑砂浆不能砌筑饱满和密实）。因此，对小砌块砌体工程，临时间断处在任何情况下均不得采用直槎连接方式。

（2）抽检数量：每检验批抽20%接槎，用不应少于5处。

（3）检验方法：观察检查。

10. 删除条文：原《规范》条文删除原因说明见表2－25

删除条文说明 表2－25

序号	原《规范》条文	删除原因
1	5.1.3 基础和基层墙体施工前，应分别用钢尺校核房屋的放线尺寸，并根据小砌块尺寸和灰缝厚度确定皮数和排数。砌体的尺寸和位置的允许偏差应符合现行行业标准《混凝土小型空心砌块建筑技术规程》JGJ/T14的规定	本条属工法的内容在新《规范》中不予编入 关于小砌块砌体尺寸和位置的偏差在新《规范》中有所体现
2	5.1.6 防潮层以上的小砌块砌体，应采用水泥混合砂浆或专用砂浆砌筑，并宜采取改善砂浆和易性和粘结性的措施	本条内容属设计范围，在新《规范》中，已规定“宜选用专用的小砌块砌筑砂浆”的条文内容
3	5.2.8 需要在墙上设置脚手眼时，可用辅助规格的小砌块侧砌，利用其孔洞作脚手眼，墙体完工后应采用不低于强度等级为C15的混凝土填实	本条内容属工法

续表

序号	原《规范》条文	删除原因
4	5.2.10 常温条件下，小砌块墙体的日砌筑高度，宜控制在 1.5m 或一步脚手架高度内	本条内容属工法
5	5.3.1 砌筑芯柱部位的墙体，宜采用不封底的通孔小砌块，如采用半封底的小砌块，必须清除孔洞底部的毛边 浇灌芯柱的混凝土，坍落度不应小于 70mm，且宜掺加增大混凝土流动性的外加剂	本条内容中属工法的部分应删除 关于浇灌芯柱的混凝土拟保证可灌性的措施，新《规范》中一是将坍落度增加到不应小于 90mm；二是宜选用专用的小砌块孔洞混凝土
6	5.3.2 在芯柱部位，每层楼的第一皮块体，应采用开口小砌块或 U 型小砌块砌出操作孔，操作孔侧面宜预留连通孔；砌筑开口小砌块或 U 型小砌块时，应随时刮去灰缝内凸出的砂浆，直至一个楼层高度	本条内容属工法
7	5.3.4 芯柱混凝土在预制楼盖处应贯通，不得削弱芯柱断面尺寸。可采用设置现浇混凝土板带的方法或预制楼板预留缺口（板端外伸钢筋锚入芯柱）的方法，实施芯柱贯通	本条规定属设计考虑的内容
8	5.3.5 芯柱混凝土的拌制、运输、浇注、养护、质量检查等的要求，尚应符合现行国家标准《混凝土结构工程施工及验收规范》GB50204 的要求	本条内容已在新《规范》基本规定一章中有相应规定

第七节　石砌体工程

1. **关于石砌挡土墙泄水孔施工的有关规定（7.1.9条）**

关于挡土墙泄水孔的作用与构造

在挡土墙中，为了使挡土墙后的积水（地表水渗入或地下水）易于排出，应在挡土墙墙身设置泄水孔，以尽量消除下列不利影响：

①积水会导致土体软化，使土对挡土墙墙背的摩擦角减小，倾覆力矩加大。

根据有关技术文献，土对挡土墙墙背的摩擦角可按表2－26选用。

土对挡土墙墙背的摩擦角　　　　表2－26

序号	挡土墙情况	摩擦角
1	墙背平滑、排水不良	(0～0.33) φ
2	墙背粗糙、排水良好	(0.33～0.5) φ
3	墙背很粗糙、排水良好	(0.5～0.67) φ
4	墙背与填土间不可能滑动	(0.67～1.0) φ

注：φ为墙背填土的内摩擦角。

②积水会产生附加压力作用。

当挡土墙排水不利，积水过多时，会产生水的附加压力作用，使挡土墙的安全性降低。

因此，挡土墙排水应良好。其泄水孔的一般构造为：泄水孔可分为方孔或圆孔，孔眼间距一般为2～3m，纵横产错布置，最下排的泄水孔应高出地面0.3～0.5m，孔眼向外倾斜5%左右的坡度，在泄水孔附近有具有反滤作用的粗颗粒材料覆盖（若在严寒气候条件下有冻胀可能时，最好以炉渣填充）。

2. **关于石材及砂浆强度等级验收的规定（7.2.1条）**

（1）石材强度等级的评定方法

石材按其外形和加工尺寸可分为毛石和料石。其中，料石又可再分为毛料石、粗料石和细料石。石材的强度等级分为MU100、MU80、MU50、MU40、MU30、MU2 等 7 个级别。强度等级的确定方法是：用边长为70mm 的立方体试块的抗压强度确定。抗压强度取 3 个试块的破坏强度平均值。试件也可采用边长为其他尺寸的立方体试块，但必须乘以表 2－27 的强度等级换算系数。

石材强度等级换算系数 表 2－27

立方体边长（mm）	200	150	100	70	50
换算系数	1.43	1.28	1.14	1.00	0.86

（2）石材强度等级检验的取样方法：同一产地的石材至少应抽检一组，采用随机取样方法，按要求加工 3 个立方体试块。

（3）石材强度等级检验方法：检查石材试块试验报告。

（4）砂浆强度等级的确定方法

石砌体中砌筑砂浆的确定方法及砂浆试块取样方法也与砖砌体工程相同。仅不同的在于制作砂浆试块时，底模材料必须用施工中所用的石料（石料根据砂浆试模大小确定，并将放置试模一面加工成平面）。

（5）砂浆强度等级检验方法：检查砂浆试块的试验报告。

3. 删除条文：原《规范》条文删除原因说明见表 2－28

删除条文说明 表 2－28

序号	原《规范》条文	删除原因
1	6.1.4 砌体的转角处和交接处应同时砌筑。对不能同时砌筑面又必须留置的临时间断处，应砌成踏步槎	基本内容已在新《规范》3.0.3 条体现。对石砌体，由于石块不规则或尺寸较大，施工中一般不会采用直槎
2	6.2.1 毛石砌体所用的毛石应呈块状，其中部厚度不宜小于 150mm	属一般施工常识与要求

续表

<table>
<tr><th>序号</th><th>原《规范》条文</th><th>删除原因</th></tr>
<tr><td>3</td><td>6.2.2 毛石砌体宜分皮卧砌，各皮石块间应利用自然形状经敲打修整使能与先砌石块基本吻合、搭砌紧密；应上下错缝，内外搭砌，不得采用外面侧立石块中间填心的砌筑方法；中间不得有铲口石（尖石倾斜向外的石块）、斧刃石和过桥石（仅在两端搭砌的石块）</td><td>本条内容属工法</td></tr>
<tr><td>4</td><td>6.2.3 毛石砌体灰缝厚度宜为 20～30mm，石块间不得有相互接触现象。石块间较大的空隙应先填砂浆后用碎石块嵌实，不得采用先摆碎石后塞砂浆或干填碎石块的方法</td><td>毛石砌体的灰缝厚度不便控制；有关砌筑方法的规定属工法</td></tr>
<tr><td>5</td><td>6.2.7 毛石砌体每日的砌筑高度，不应超过 1.2m</td><td>本条内容属工法</td></tr>
<tr><td>6</td><td>6.2.8 在毛石和实心砖的组合墙中，毛石砌体与砖砌体应同时砌筑，并每隔 4～6 皮砖用 2～3 皮丁砖与毛石砌体拉结砌合。两种砌体间的空隙应用砂浆填满</td><td rowspan="2">毛石和实心砖的组合墙应用极少，且砌筑要求属工法</td></tr>
<tr><td>7</td><td>6.2.9 毛石墙和砖墙相接的转角处和交接处应同时砌筑。
转角处应自纵墙（或横墙）每隔 4～6 皮砖高度引出不小于 120mm 与横墙（或纵墙）相接；交接处应自纵墙每隔 4～6 皮砖高度引出不小于 120mm 与横墙相接</td></tr>
</table>

续表

序号	原《规范》条文	删除原因
8	6.3.1 料石砌体所用的料石，按其加工面的平整度分为细料石、半细料石、粗料石和毛料石四种 料石各面的加工要求，应符合表6.3.1的规定	该条内容已在《砌体结构设计规范》GB50003—2001附录A做了规定
9	6.3.2 各种砌筑用料石的宽度、厚度均不宜小于200mm，长度不宜大于厚度的4倍。 料石加工的允许偏差应符合表6.3.2.的规定	料石的外形尺寸已在《砌体结构设计规范》GB50003—2001附录A做了相应规定。料石加工的允许偏差应由设计提出要求
10	6.3.4 砌筑料石砌体时，料石应放置平稳。砂浆铺设厚度应略高于规定灰缝厚度：细料石、半细料石宜为3～5mm；粗料石、毛料石宜为6～8mm	本条内容属工法
11	6.3.5 料石基础砌体的第一皮应用丁砌层座浆砌筑。阶梯形料石基础，上级阶梯的料石应至少压砌下级阶梯为1/3	
12	6.3.6 料石砌体应上下错缝搭砌。砌体厚度等于或大于两块料石宽度时，如同皮内全部采用顺砌，每砌两皮后，应砌一皮丁砌层；如同皮内采用丁顺组砌，丁砌石应交错设置，其中心距不应大于2m	
13	6.3.7 用整块料石作窗台板，其两端至少应伸入墙体100mm。在窗板与其下部墙体之间（支座部分除外）应留空隙，并应用沥青麻刀等材料嵌塞	本条规定属设计内容，且应用极少

续表

序号	原《规范》条文	删除原因
14	6.3.8 在料石和毛石或砖的组合墙中，料石砌体和毛石砌体或砖砌体应同时砌筑，并每隔2～3皮料石层用丁砌层与毛石砌体或砖砌体拉结砌合。丁砌料石的长度宜与组合墙厚度相同	本条规定属工法，且应用极少
15	6.3.9 用料石作过梁，如设计无具体规定时，厚度应为200～450mm，净跨度不宜大于1.2m，两端各伸入墙内长度不应小于250mm，过梁宽度与墙厚度相等，也可用双拼料石 过梁上续砌墙时，其正中石块不应小于过梁净跨度的1/3，其两旁应砌不小于2/3过梁净跨度的料石	过梁系受力构件，故本条规定属设计内容
16	6.3.10 用料石作平拱，应按设计图要求加工。如设计无规定，则应加工成楔形（上宽下窄），斜度应预先设计，拱两端部的石块，在拱脚处坡度以60°为宜。平拱石块数应为单数，厚度与墙厚相等，高度为二皮料石高。拱脚处斜面应修整加工，使与拱石相吻合 砌筑时，应先设模板，并以两边对称地向中间砌，正中一块锁石要挤紧。所用砂浆不低于M10，灰缝厚度宜为5mm 拆模时，砂浆强度必须大于设计强度为70%	该条内容部分属设计要求，部分属工法

续表

序号	原《规范》条文	删除原因
17	6.3.11 用料石作圆拱，石块应进行细加工，使其接触面吻合严密，形状及尺寸应符合设计要求 砌筑时应先支模，并由拱脚对称地向中间砌筑，正中一块拱冠石要对中挤紧。砂浆强度等级，灰缝厚度及拆模时间要求同第 6.3.10 条	本条规定属工法
18	6.4.1 本节适用于建筑场地周围的浆砌毛石、料石挡土墙 砌筑挡土墙除应按本节执行外，尚应符合本章前三节的有关规定	在新《规范》中，章、节的编排不同于原《规范》

第八节 配筋砌体工程

1. 关于配筋砌体的定义及范围

在国外，配筋砌体已有 100 多年的历史，如美国已有 100 多年应用配筋砌块砌体的实例，已建成许多多层、十几层、乃至二十多层的高层建筑，并经历过地震的考验，使用至今，有的还在继续使用中。我国从 20 世纪 80 年代初期开始，已在一些地区进行了高层配筋小砌体的研究及试点，例如，广西南宁市、辽宁本溪市先后建筑了 8 层、11 层配筋小砌块高层建筑；近年来，又相继建造了 15 层、18 层配筋小砌块高层建筑（上海市园南新村 18 层，局部 20 层住宅楼；北京市石景山 18 层高塔住宅楼；辽宁盘景市国税局 15 层住宅）。在这些砌体中，是利用小砌块竖向孔洞和专用的带水平沟槽的异型小砌块配置钢筋并浇注混凝土而使砌块砌体结构性能大大改善的特点来建造的，因此，这一体系属于配筋砌体的范畴。

在砖砌体中，除了网状配筋柱以外，尚有构造柱（钢筋混凝土构造柱的简称）、组合配筋砌体构件、配筋砌体剪力墙构件等，也都属于配筋砌体。

根据国际上关于配筋砌体的规定，当砌体中按体积配筋率达到或超过0.07%时，这样的砌体可称为配筋砌体。

2. 关于构造柱的施工规定（8.2.3条）

在《设置钢筋混凝土构造柱多层砖房抗震技术规程》JGJ/T13—94中，对构造柱马牙槎的留置、拉结钢筋的数量及间距等均有明确的规定，此处不再赘述。但对新《规范》的构造柱规定，应强调以下几点：

①砌马牙槎时，从楼层面开始是先退后进，以便混凝土浇注时易于捣实，也不会在此薄弱处再形成一个薄弱点。

②预留的拉结钢筋位置正确，施工中不得任意弯折。正确位置的规定为竖向位移不应超过100mm。如位置不准，疏密不均，竖向位移过大，则钢筋对相邻墙体的拉结作用会减弱。

3. 关于钢筋的品种、规格的验收规定（8.2.1条）

（1）钢筋进场的质量控制要求

在配筋砌体工程中，钢筋和水泥、砂、石及各种外加剂同属主要材料。这些材料进入施工现场时，必须进行质量验收。根据我国现行国家标准《混凝土结构工程施工质量验收规范》GB50204—2002有关条文规定：

钢筋应平直、无损伤，表面不得有裂纹、油污、颗粒状或片状老锈；

当发现钢筋脆断、焊接性能不良或力学性能显著不正常等现象时，应对该批钢筋进行化学成分检验或其他专项检验；

钢筋进场时，应按现行国家标准《钢筋混凝土用热轧带肋钢筋》GB1499等的规定抽取试件作力学性能检验，其质量必须符合有关标准的规定。

上述这些规定，在砌体工程施工质量验收中也应遵守。

在砌体工程上，对本条强制性条文的规定内容，主要是针对钢筋的内在质量或某些重要的物理性能提出的质量控制要求。

(2) 钢筋的机械性能

根据我国现行国家标准《钢筋混凝土用热轧光圆钢筋》GBJ3013—91、《钢筋混凝土用热轧带肋钢筋》GBJ1499—1998，钢筋的机械性能如表2-29、表2-30所示：

圆钢筋机械性能　　表2-29

钢筋	强度等级代号	公称直径(mm)	屈服点 σ_s (MPa)	抗拉强度 σ_b (MPa)	伸长率 δ (%)	冷弯 d-弯心直长 a-钢筋公称直径
			不小于			
1	R235	8～20	235	370	25	180° d=a

带肋钢筋机械性能　　表2-30

牌号	公称直径(mm)	σ_s (或 $\sigma_{p0.2}$) (MPa)	σ_b (MPa)	δ_5 (%)
		不小于		
HRB335	6～25 28～50	335	490	16
HRB400	6～25 28～50	400	570	14
HRB500	6～25 28～50	500	630	12

(3) 钢筋机械性能试验取样方法

热轧钢筋取样为每批钢筋由同一截面尺雨和同一炉罐号的钢筋组成，重量不大于60t，在每批钢筋中随机抽选两根钢筋切取两个试样供拉力试验用，又任选两根钢筋切取两个试样供冷弯试验用。

(4) 钢筋品种、规格和数量检验方法：检查钢筋的合格证书、钢筋性能试验报告、隐蔽工程记录。

4. 关于配筋砌体中混凝土和砂浆强度等级的验收规定(8.2.2条)

(1) 混凝土强度等级的评定方法

评定混凝土强度等级应采用标准试件的混凝土强度，即按标准方法制作的边长为150mm的标准尺寸的立方体试件，在温度为20℃±3℃、相对温度90%以上的环境或水中的标准条件下，养护至28d龄期时按标准试验方法测得混凝土立方体抗压强度来评定。

在强度评定时，采用三个试件为一组，并取其中平均值考虑。但对于当三个试件强度中的最大值和最小值之一与中间值之差超过中间值的15%时，取中间值；当三个试件强度中的最大值和最小值与中间值之差均超过15%时，该组试件不应作为强度评定的依据。

混凝土强度的检验评定方法分为统计方法和非统计方法。对配筋砌体工程而言，通常混凝土的用量不会太大，因而常采用非统计方法。按非统计方法评定混凝土强度时，其强度应同时满足下列要求：

$$mf_{cu} \geqslant 1.15 f_{cu,k}$$

$$f_{cu,min} \geqslant 0.95 f_{cu,k}$$

式中 mf_{cu}——同一验收批混凝土立方体抗压强度的平均值(N/mm^2)；

$f_{cu,k}$——混凝土立方体抗压强度标准值(N/mm^2)；

$f_{cu,min}$——同一验收批混凝土立方体抗压强度最小值(N/mm^2)。

(2) 混凝土强度检验的抽样方法

用于检查结构构件混凝土质量的试件，应在混凝土的浇筑地点随机取样制作。试件的设置应符合下列规定：

①每拌制100盘且不超过100m^{3}的同配合比的混凝土，其

取样不得少于一次。

②每工作班拌制的同配合比的混凝土不足100盘时，其取样不能少于一次。

(3) 砂浆强度等级的评定及试块的取样方法

此部分内容在新《规范》的前面相关章、节中已做了规定，并在本材料中加以了说明，此处不再重复介绍。

(4) 混凝土、砂浆强度等级的检验方法：检查混凝土、砂浆试块试验报告。

5. 关于配筋砌体水平灰缝厚度的规定 (8.3.1)

新《规范》规定：“水平灰缝厚度应大于钢筋直径4mm以上”。按此规定，如采用 $\phi 6$ 钢筋，则水平灰缝厚度应大于10mm。新《规范》还规定，水平灰缝厚度（砖砌体和小砌块砌体）宜为10mm，但不宜大于12mm，也不宜小于8mm。这个规定，对配筋砌体是可以满足的。而在原《规范》，即《砌体工程施工及验收规范》GB50203—98中规定：“水平灰缝内配筋砌体的灰缝厚度，不宜超过15mm。当设置钢筋时，应超过钢筋直径6mm以上。”两本规范之间存在一点差别。为了说明方便，将灰缝厚度对砌体强度影响作以下介绍。

湖南大学曾对国内、外一些砌体试验数据进行回归分析得出，砌体抗压强与水平灰缝厚度之间的函数关系为（实为强度影响系数）：

$$\Psi = \frac{1.4}{1+0.04t} \quad \text{（对实心砖砌体）}$$

$$\Psi = \frac{2}{1+0.2t} \quad \text{（对多孔砖砌体）}$$

式中 Ψ——强度影响系数；

t——砌体水平灰缝厚度（mm）。

根据上式，对多孔砖砌体，有下列结果：

当 $t=10mm$ 时，$4=1.00$

当 $t=12mm$ 时，$4=0.91$

当 $t=15mm$ 时，$4=0.80$

当 $t = 20mm$ 时，$4 = 0.67$

可见，砌体的水平灰缝厚度对砌体的抗压强度会产生明显的影响。当灰缝厚度增加时，一方面能使砂浆层铺得比较均匀，减少砌体内的局部受压，因而可提高砌体的抗压强度；但另一方面，水平灰缝厚度的增加，则砂浆层的压缩也随之增加，从而相应加大砌体截面内的拉力，对砌体抗压强度带来十分不利的影响。因此，砌体水平灰缝厚度应有一个合适的厚度规定。从工程实践来看，水平灰缝厚度规定在 8～12mm 之间是比较恰当的。为统一起见，新《规范》对原《规范》进行了一定修改是合适的。

6. 删除条文：原《规范》条文删除原因说明见表 2－31

删除条文说明　　表 2－31

序号	原《规范》条文	删除原因
1	7.1.2 钢筋在运输、堆放和使用中，应避免被泥、油或其他对钢筋、砂浆、混凝土有不利化学作用或影响粘结性能的物质所污染	该条内容为一般施工常识，且在《混凝土结构工程施工质量验收规范》GB50204 中有相应条文规定。新《规范》也在总则一章中指明“砌体工程施工质量的验收……，尚应符合国家现行有关标准规定”
2	7.2.1 钢筋砖圈梁内，钢筋搭接长度应大于 40 倍钢筋直径，端头应做成弯钩	新《规范》中对设置在砌体水平灰缝内钢筋的搭杆长度统一做了规定，不仅限于钢筋砖圈梁，而且钢筋砖圈梁目前工程中已几乎不采用了。光面钢筋端头弯钩的做法为一般施工常识
3	7.2.2 钢筋砖圈梁和钢筋砖过梁内的钢筋，应均匀、对称放置	本条为一般施工常识和工法内容

续表

序号	原《规范》条文	删除原因
4	7.2.3 砌筑钢筋砖过梁，如设计无具体要求，底面应铺 1∶3 水泥砂浆层，其厚度宜为 30mm；钢筋应埋入砂浆，层中，两端伸入支座砌体内不应小于 240mm，并有 90°弯钩埋入墙的竖缝内 钢筋砖过梁的第一皮砖应砌丁砌层	本条为一般施工常识和工法内容，或设计应予考虑的内容。而且目前工程中已很少采用钢筋砖过梁
5	7.2.4 网状配筋砌体的钢筋网，宜采用焊接网片。当采用连弯钢筋网时，放置前应保持网片的平整 网片放置后，应将砂浆摊铺平整再砌块材	本条为一般施工常识和工法内容，或设计应予考虑的内容
6	7.3.1 设置钢筋混凝土构造柱的砌体，应按先砌墙后浇柱的施工程序进行	本条内容属工法
7	7.3.4 构造柱混凝土可分段浇灌，每段高度不宜大于 2m。在施工条件较好并能确保浇灌密实时，亦可每层浇灌一次	本条部分内容属工法
8	7.3.5 在砌完一层墙后和浇灌该层构造柱混凝土之前，是否对已砌好的独立墙片采取临时支撑等措施，应根据风力、墙高确定。必须在该层构造柱混凝土浇完之后，才能进行上一层的施工	本条的前半部分内容已在新《规范》基本规定一章中有相应条文；后一部分内容属一般施工常识和工法
9	7.3.7 现浇钢筋混凝土圈梁，宜采用硬架支模工艺施工	本条内容属工法

续表

序号	原《规范》条文	删除原因
10	7.4.1 钢筋混凝土填心墙系将砌好的两个独立墙，用拉筋连接在一起，在两墙之间放置钢筋并浇灌混凝土而成的组合墙体	本条内容属术语
11	7.4.2 钢筋混凝土填心墙可采用低位浇灌混凝土和高位浇灌混凝土两种施工方法，并应符合下列规定：（略）	本条内容属工法

第九节　填充墙砌体工程

1. 关于砌筑蒸压加气混凝土砌块、轻骨料混凝土小砌块时对产品龄期的规定（9.1.2条）

蒸压加气混凝土砌块、轻骨料混凝土小砌块存在较大的体积收缩变形。例如，对普通混凝土其干燥收缩值约为0.3～0.4mm/m，而蒸压加气混凝土砌块则为0.5mm/m（标准法）、0.8mm/m（快速法），轻骨料混凝土为0.4～0.9mm/m。另外，蒸压加气混凝土砌块出釜后含水率比较大，约为35%，随着它的逐渐干燥，收缩变形也不断地增加。砌体中，由于块材的继续收缩，会导致墙体的开裂和已有裂缝的发展。因此，参照普通混凝土小砌块的施工，新《规范》对上述二种砌块也规定了砌筑时，砌块的生产龄期应超过28d。

2. 关于用轻骨料混凝土小砌块和蒸压加气混凝土砌块砌筑墙体是墙底的施工措施（9.1.5条）

在原《规范》中有如下规定："用轻骨料混凝土空心砌块和加气混凝土砌块砌筑填充墙时，墙底部应砌烧结普通砖或多孔砖，其高度不宜小于200mm"。在本次新《规范》编制过程中，仍继续保留以上的基本内容，但进行了一些修改，主要是在具体做法上不一定只限定使用烧结普通砖或多孔砖。

3. 关于轻骨料混凝土小砌块、烧结空心砖、蒸压加气混凝土砌块的强度等级（9.1.2条）

（1）轻骨料混凝土小砌块，见表2-32。

轻骨料混凝土小砌块 表2-32

强度等级	砌块抗压强度（MPa）		密度等级范围(kg/m³)	备注
	平均值不小于	最小值不小于		
MU1.5	1.5	1.2	≤800	自承重用
MU2.5	2.5	2.0	≤800	自承重用
MU3.5	3.5	2.8	≤1200	承重用
MU5.0	5.0	4.0	≤1200	承重用
MU7.5	7.5	6.0	≤1400	承重用
MU10.0	8.0	1.2	≤1400	承重用

强度试验按GB/T4111进行，抗压强度试验用小砌块5块。

检验时的组批规则为，砌块按密度等级分批验收。它以同一品种轻骨料配制成的相同密度等级、相同强度等级、质量等级和同一生产工艺制成的10000块轻骨料混凝土小砌块为一批；每月生产的砌块数不足10000块者亦以一批论。

（2）烧结空心砖的强度等级，见表2-33。

烧结空心砖的强度等级 表2-33

产品等级	强度等级	大面抗压强度（MPa）		条面抗压强度（MPa）	
		平均值不小于	单块最小值不小于	平均值不小于	单块最小值不小于
优等品	5.0	5.0	3.7	3.4	2.3
一等品	3.0	3.0	3.0	2.2	1.4
优等品	2.0	2.0	1.4	1.6	0.9

强度试验按GB/T2542规定进行，大面及条面抗压强度试验

各取 5 块空心砖。

烧结空心砖强度试验的砖样，应在同一个批量内随机抽取，每 3 万块为一批，不足该数量时，仍按一批计。

(3) 蒸压加气混凝土砌块的强度等级

强度等级除满足立方体抗压强度要求之外，还必须与砌块的密度相对应，参见表 2－34、表 2－35 及表 2－36。

蒸压加气混凝土砌块的强度等级　　表 2－34

强度级别	立方体抗压强度（MPa）	
A1.0	平均值不小于 1.0	单块最小值不小于 0.8
A2.0	2.0	1.6
A2.5	2.5	2.0
A3.5	3.5	2.8
A5.0	5.0	4.0
A7.5	7.5	6.0
A10.0	10.0	8.0

砌块的密度等级　　表 2－35

<table>
<tr><th colspan="2">体积密度等级</th><th>B03</th><th>B04</th><th>B05</th><th>B06</th><th>B07</th><th>B08</th></tr>
<tr><td rowspan="3">体积密度(kg/m³)</td><td>优等品（A）≤</td><td>300</td><td>400</td><td>500</td><td>600</td><td>700</td><td>800</td></tr>
<tr><td>一等品（A）≤</td><td>330</td><td>430</td><td>530</td><td>630</td><td>730</td><td>830</td></tr>
<tr><td>合格品（A）≤</td><td>350</td><td>450</td><td>550</td><td>650</td><td>750</td><td>850</td></tr>
</table>

砌块的密度等级　　表 2－36

<table>
<tr><th colspan="2">体积密度等级</th><th>B03</th><th>B04</th><th>B05</th><th>B06</th><th>B07</th><th>B08</th></tr>
<tr><td rowspan="3">体积密度(kg/m³)</td><td>优等品（A）≤</td><td rowspan="3">A1.0</td><td rowspan="3">A2.0</td><td>A3.5</td><td>A5.0</td><td>A7.5</td><td>A10.0</td></tr>
<tr><td>一等品（R）≤</td><td>A3.5</td><td>A5.0</td><td>A7.5</td><td>A10.0</td></tr>
<tr><td>合格品（C）≤</td><td>A2.5</td><td>A3.5</td><td>A5.0</td><td>A7.5</td></tr>
</table>

立方体抗压强度的试验按 GB/T11971 规定进行，干体积密

度试验按 GB/T11970 规定进行。强度试验的试块为同品种、同规格、同等级的砌块，以 10000 块时亦为一批。

4．关于蒸压加气混凝土砌块砌体和轻骨料混凝土小砌块砌体中不应与其他材料混砌的规定（9.3.2 条）

新《规范》在第 9.3.2 条中所指的“混砌”，是指不同材料性质（例如组成材料不同、密度各异等）和尺寸大小的块体同砌于一面填充墙中，其原因是，当砌块材料性质和外形尺寸大小不同时，其收缩值是不同的。变形的不协调，将很容易在砌体中产生收缩裂缝，而收缩裂缝正是填充墙砌体比较突出的质量通病，为此规定不得混砌。但是，由于构造需要，在填充墙底部、顶部和局部门、窗洞口处，可以用其他材料的块材砌筑或嵌砌。这是可以允许的，不属于新《规范》限制的范围。他们的存在对填充墙砌体中的收缩裂缝的产生不会带来不良的影响。这是因为：

①墙底、墙顶部用其他块材砌筑，使得填充墙的立面面积减少，这对裂缝的控制有利；

②门窗洞边，收缩比较自由，不是收缩裂缝发生的主要部位。

5．关于填充墙顶部留空隙和补砌的规定（9.3.7 条）

根据工程调查，填充墙顶部与梁、板接触面常常出现水平裂缝。其原因主要是后砌填充墙的收缩。这种裂缝不仅影响观感，而且削弱了填充墙的稳定性。

为避免或减轻上述裂缝，一个有效而简单的施工措施就是砌筑填充墙时，当其砌至接近梁、板底时，留置一定空隙，待一段时间后再进行补砌。新《规范》规定，间隔时间应不少于 7d。在具体工程施工时，如有可能，间隔时间应尽可能长一些。这样，更有利于这类裂缝的根治。

6．删除条文：原《规范》条文删除原因说明见表 2－37

删除条文说明 表 2-37

序号	原《规范》条之	删除原因
1	8.2.2 空心砖的砌筑应上下错缝，砖孔方向应符合设计要求。当设计无具体要求时，宜将砖孔置于水平位置；当砖孔垂直砌筑时，水平铺灰应用套板。砖竖缝应先挂灰后砌筑	本条内容属工法
2	8.2.4 管线留置方法，当设计无具体要求时，可采用弹线定位后凿槽或开槽，不得采用斩砖预留槽	关于设计要求的洞口、管道、沟槽的施工要求，已在新《规范》基本规定中有相应规定
3	8.3.2 砌筑墙体时，应根据预先绘制的砌块排列图进行，并应设置皮数杆	本条内容属工法
4	8.3.6 切锯砌块应使用专用工具，不得用斧子或瓦刀等任意砍劈。洞口两侧应选用规则整齐的砌块砌筑	本条内容属工法
5	8.3.7 砌筑外墙时，不得留脚手眼	新《规范》基本规定一章中，有相应规定（即设计不允许设置脚手眼的部位不得设置脚手眼）。而且在填充墙外墙留置脚手眼，不会对砌体施工质量产生多大的不利影响，处理得当不利影响也可消除
6	8.3.8 加气混凝土砌块墙与框架结构的连接构造、配筋带的设置与构造、门窗框固定方法与过梁做法，以及附墙固定件做法等均应符合设计规定	按图施工是基本要求。最后一段文字内容属工法

续表

序号	原《规范》条之	删除原因
7	8.3.9 当设计无具体要求时，填充墙与承重墙或柱交接处，应沿墙高1m左右设置 $2\phi6$ 拉结钢筋，伸入墙内长度不得小于500mm	本条规定属设计应予说明的内容
8	8.3.10 墙体洞口下部应设置 $2\phi6$ 钢筋，伸过洞口两边长度每边不得小于500mm	
9	8.4.3 砌体每日砌筑高度不宜超过1.8m	本条对轻骨料混凝土小型空心砌块砌体的施工规定属工法

第十节　冬期施工

1. 关于冬期施工的界限（10.0.1条）

经过多年的工程实践表明，当室外日平均气温连续5d稳定低于5℃时，作为划定冬期施工的界限是比较合适的。对此，有关规范大都按照这一情况确定进入冬期施工的界限，新《规范》也予以认同。

在新《规范》第10.0.1条的注中规定：“冬期施工期限以外，当日最低气温低于0℃时，也应按本章的规定执行。”这与原《规范》“冬期施工期限以外，当日最低气温低于－3℃时，也应按本章的规定执行”中的最低气温的取值上有所不同。其理由如下：原《规范》主要考虑当一天的最低气温低于－3℃时，日平均气温就可能低于0℃；新《规范》编制中，咨询了国内有关专家和参考一些地方标准和企业工法，做了修改。

2. 关于砌体工程冬期施工方案的规定（10.0.3条）

前面已经讲过，新《规范》的编制应体现“验评分离、强化验收、完善手段、过程控制”的十六字方针，如砌体工程施工进入冬期施工阶段，如何作好“过程控制”呢？这就要加强质量管理，而制定好冬期施工方案则是质量管理的内容。

3. 关于冬期施工中对所用材料的规定（10.0.4条）

对冬期施工的材料要求，主要应控制好以下三点：

①砌筑前应清除表面污物、冰霜等。遭水浸冻的砖或砌块不能使用。

常温下，块材表面的污物相对较易清除。在冬期，块材表面容易沾有冻结的污物或冰霜，如不清除，会直接影响块材与砂浆的粘结。故规定砌体用砖或其他块材不能遭水浸冻。

②石灰膏、电石膏等应防止受冻，如遭冻结，应在融化后使用。

上述材料，处于冻结状态时很难在砂浆中拌和均匀，不仅起不到改善砂浆和易性的作用，还会降低砂浆强度，对砌体的砌筑质量产生不利影响。

③拌制砂浆所用的砂，不得含有冰块和大于10mm的冻结块。

砂有一定的含水率，在冬期施工时有可能在砂中混有冰块和冻结成一定直径的砂块。冰块和直径较大的砂块会直接影响砂浆的均匀性，并降低砂浆的强度。拌制砂浆时，应采用破碎、过筛或加热等方法，去除砂中的冰块和较大直径的冻结砂块。

4. 关于冬期施工中对砂浆试块留置的规定（10.0.5条）

依照有关规定，砌体施工中对砌筑砂浆强度的验收是以砂浆试块制作完拆模后，在标准条件下继续养护28d的试块抗压强度来评定的。但是，对砌体中的砂浆而言，并非处于标准养护条件下。由于条件的差异，可以认为砂浆试块的强度与砌体中砂浆实际强度也是不同的。特别是在冬期施工中，由于砂浆是一种水凝性的材料，当其受冻时，对强度必然产生不利影响。虽然在冬期施工中会采取防冻措施，如在砂浆中掺用防冻剂等，但自然环境有时会出现比较大的变化。对此，新《规范》编制时，增加了“……除应按常温规定要求外，尚应增留不少于1组与砌体同条件养护的试块，测试检验28d强度”的规定。这对确保砌体施工质量是有益处的，是需要的。

在工程施工中如何对待与砌体同条件养护的试块强度呢？新《规范》编制组认为，当其试块28d强度与有关低温下的砂浆试块的强度试验值低得较多时，就可以依据新《规范》第4.0.13条采用现场检验方法对砂浆和砌体强度进行原位检测或取样检测，并判定其强度，然后，再视其情况进行处理。低温下砂浆试块的强度试验值如表2－38所示。

掺氯化纳砂浆强度增长率（%） 表2－38

砂浆硬化温度（℃）	5% NaCl		10% NaCl	
	R7	R28	R7	R28
-5	32	75	45	95
-15	14	30	30	40

5．关于冬期施工中，普通砖、多孔砖、空心砖的浇水湿润规定（10.0.7条）

由于砌体施工中块材的湿润程度明显影响与砌筑砂浆之间的粘结效果，对砌体的整体性和强度也随之产生影响，因此，砌体施工时对块材有浇水湿润的要求。但当气温等于或低于0℃时，如果对块材浇（洒）水，块材表面可能会立即结一层冰膜，从而降低块材与砂浆之间的粘结。同时，也给施工造成不便。因此规定：“普通砖，多孔砖和空心砖在气温高于0℃条件下砌筑时，应浇水湿润。在气温低于等于0℃条件下砌筑时，可不浇水，但必须增大砂浆稠度。抗震设防烈度为9度的建筑物，普通砖、多孔砖、空心砖无法浇水湿润时，如无特殊措施，不得砌筑。”

6．删除条文：原《规范》条文删除原因说明见表2－39

删除条文说明 **表 2－39**

<table>
<tr><th>序号</th><th>原《规范》条文</th><th>删除原因</th></tr>
<tr><td>1</td><td>9.1.3 冬期施工不得使用无水泥配制的砂浆</td><td>无水泥配制的砌筑砂浆在目前非临建的一般和重要工程中不使用</td></tr>
<tr><td>2</td><td>9.1.5 冬期施工的砖砌体应按“三一”砌砖法施工，并应采用一顺一丁或梅花丁的排砖方法</td><td>本条内容属工法，且从保证砌体施工质量考虑并非为严格要求</td></tr>
<tr><td>3</td><td>9.1.6 冬期施工中，每日砌筑后应及时在砌筑表面覆盖保温材料，砌筑表面不得留有砂浆。在继续砌筑前，应打扫砌筑表面，然后再施工</td><td rowspan="2">本条规定属冬期施工方案的内容</td></tr>
<tr><td>4</td><td>9.2.1 氯盐砂浆所用的盐类宜为氯化钠。气温在－15℃以下时可掺用双盐（氯化钠和氯化钙）氯盐砂浆的掺盐量应符合表 9.261 的规定</td></tr>
<tr><td>5</td><td>9.2.4 氯盐砂浆中掺微沫剂时，盐类溶液和微沫剂溶液必须在拌合中先后加入</td><td>本条规定属冬期施工方案的内容，且在一般情况下不会将氯盐与微沫剂混合使用</td></tr>
<tr><td>6</td><td>9.2.5 砌体的每日砌筑高度不得超过 1.2m</td><td>本条规定属工法</td></tr>
<tr><td>7</td><td>9.3.1 采用冻结法施工，应会同设计单位制定在施工过程中和解冻期内必要的加固措施</td><td>本条规定属冬期施工方案的内容，且在设计时应予考虑</td></tr>
<tr><td>8</td><td>9.3.2 采用冻结法施工，应保证砌体在解冻期对强度、稳定和均匀沉降的要求。在解冻期验算砌体强度和稳定时，可按砂浆强度为零进行计算</td><td>本条规定属冬期施工方案的内容，且在设计时应予考虑</td></tr>
</table>

续表

序号	原《规范》条文	删除原因
9	9.3.3 当日最低气温高于或等于－25℃,对砌筑承重砌体的砂浆强度等级应按常温施工时提高一级；当日最低气温低于－25℃，则应提高二级	本条规定属冬期施工方案内容
10	9.3.5 为保证砌体在解冻时的正常沉降，尚应符合下列规定：(略)	本条规定属冬期施工方案内容，为一般的施工过程控制
11	9.3.7 下列砌体，不得采用冻结法施工：(略)	本条规定为一般施工常识

第三章　子分部工程验收

第一节　观感质量的总体评价（*11.0.2* 条）

1. “观感质量”的含义

“观感质量”在砌体工程中系指通过人的内眼观察，用手触摸或简单的量测，得出的对施工质量优劣的印象。这种印象并不能给出“合格”或“不合格”的结论，而只能综合各方面的情况做出总体评价。

2. “观感质量”总体评价的必要性

砌体工程质量的控制和验收，新《规范》虽有施工中的一般规定和主控项目、一般项目的抽检，但是，对绝大多数的检验并非全数检验，这就有可能出现漏检的质量问题。而通过“观感质量”的总体评价就可以较好地解决这种欠缺。

3. 对“观感质量”差的项目的处理办法

虽然“观感质量”并不能作为砌体施工质量合格与不合格的标准，但是，可以对“观感质量”差的部位进行针对性的检测，再依据其检测结果进一步判断砌体施工的质量和提出处理办法。

第二节　砌体工程施工质量不符合要求的处理（*11.0.3* 条）

新《规范》第 11.0.3 条规定：“当砌体工程质量不符合要求

时，应按照现行国家标准《建筑工程施工质量验收统一标准》GB50300 规定执行。” 其处理办法为：

（1）经返工重做或更换器具、设备的检验批，应从新进行验收；

（2）经有资质的检测单位检测鉴定能够达到设计要求的检验批，应予以验收；

（3）经有资质的检测单位检测鉴定达不到设计要求，但经原设计单位核算认可能够满足结构安全和使用功能的检验批，可予以验收；

（4）经返修或加固处理的分项、分部工程，虽然改变外形尺寸但仍能满足安全使用要求，可按处理技术方案和协商文件进行二次验收；

（5）通过返修或加固处理仍不能满足安全使用要求的，应不予以验收。

上述之规定，既是从满足安全使用出发，又是从实际出发制定的，体现了实事求是，具体问题具体分析的唯物辩证法原则，是可取的。

第三节　关于裂缝砌体的验收（*11.0.4* 条）

1. 砌体裂缝是一个较普遍的现象

砌体在施工中和以后使用过程中由于多种原因会导致砌体内裂缝的产生，其裂缝类型和产生原因可归纳如下：

（1）温度裂缝：因日照及气温变化，不同材料及不同结构部位的变形不协调，当变形受到较强约束后，会产生因温度应力过大导致砌体开裂。

（2）地基沉降裂缝：地基因各种原因（设计、施工及使用中的不当）产生不均匀沉降，形成砌体的裂缝。

（3）收缩裂缝：由于砌体是在半湿作业条件下建造的，随着施工用水的逐步丧失，砌体会产生干燥收缩变形。同时，某些块材上墙后仍有后期的收缩变形。当这些收缩变形受到某种较强约束后，会产生因收缩应力过大导致砌体开裂。

（4）荷载裂缝：砌体因荷载过大或砌体承载力不足导致裂缝出现。

2．对因施工原因造成的砌体裂缝的处理原则

我国《建筑法》规定："建筑工程竣工时，屋顶、墙面不得有渗漏、开裂等质量缺陷；对已发现的质量缺陷，建筑施工企业应当修复。"从这一规定看出，对砌体工程在竣工验收前出现的开裂缺陷（应当指出，缺陷并非是对结构的安全使用产生明显不良影响的质量问题）应当修复。因此，对砌体中的裂缝必须进行判断，以分清一般缺陷和对结构安全性正常使用产生明显不良影响的两类不同的砌体裂缝。

3．砌体裂缝的鉴定及处理

根据我国现行国家标准《民用建筑可靠性鉴定标准》GB50292—1999，有如下规定：

（1）安全性和正常使用性的鉴定评级，应按构件、子单元和鉴定单元各分为三个层次。每一层次分为四个安全性等级和三个使用性等级，并根据检查项目和步骤，从第一层开始，分层进行(这里所指的分层即第一层为构件"第二层为子单元；第三层为鉴定单元)。

根据构件各检查项目评定结果，确定单个构件等级；

根据子单元各检查项目及各种构件的评定结果，确定鉴定单元等级。

（2）安全性鉴定分级标准

对单个构件或其检查项目：

a_u级：安全性符合本标准a_u级的要求，具有足够的承载能力，不必采取措施。

b_u级：安全性略低于本标准a_u级的要求，尚不显著影响承载能力，可不采取措施。

c_u 级：安全性不符合本标准对 a_u 级的要求，显著影响承载能力，应采取措施。

d_u 级：安全性极不符合本标准对 a_u 级的要求，已严重影响承载能力，必须及时或立即采取措施。

结构构件承载能力评定标准见表 3-1。

结构构件承载能力评定标准 表 3-1

构件类别	$R/\gamma_0 S$			
	a_u 级	b_u 级	c_u 级	d_u 级
主要构件	≥1.0	≥0.95	≥0.90	<0.90
一般构件	≥1.0	≥0.90	≥0.85	<0.85

注：R 为结构构件的抗力；S 为结构构件的作用效应；γ_0 为结构重要性系数。

对砌体结构构件产生下列裂缝时，评定为 Cu 级或 du 级：

1. 桁梁、主梁支座下的墙、柱的端部或中部，出现沿块材断裂（贯通）的竖向裂缝；
2. 空旷房屋承重外墙的变载面处，出现水平裂缝或斜向裂缝；
3. 砌体过梁的跨中或支座出现裂缝；或虽未出现肉眼可见的裂缝，但发现其跨度范围内有集中荷载；
4. 筒拱、双曲拱、扁壳等的拱面、壳面，出现沿拱便母线或对角线的裂缝；
5. 拱、壳支座附近或支座的墙体上出现沿块材断裂的斜裂缝；
6. 其他明显的受压、受弯或受剪裂缝；
7. 纵横墙连接处出现通长的竖向裂缝；
8. 墙身裂缝严重，且最大裂缝宽度已大于 5mm；
9. 柱已出现宽度大于 1.5mm 的裂缝，或有断裂、错位现象；
10. 其他显著影响结构整体性的裂缝。

(3) 使用性鉴定分级标准

对单个构件或其检查项目，其使用性鉴定分级标准为：

a_s 级：使用性符合本标准对 a_s 级的要求，具有正常的使用功能，不必采取措施。

b_s 级：使用性略低于本标准对 a_s 级的要求，尚不显著影响使用功能，可不采取措施。

c_s 级：使用性不符合标准对 a_s 级的要求，显著影响使用功能，应采取措施。

砌体结构构件非受力裂缝使用等级见表 3-2。

砌体结构构件非受力裂缝使用等级　　表 3-2

检查项目	构件类别	a_s 级	b_s 级	c_s 级
非受力裂缝宽度（mm）	墙及带壁柱墙	无可见裂缝	≤1.5	>1.5
	柱	无可见裂缝	无可见裂缝	出现裂缝

注：对无可见裂缝的柱，取 a_s 级或 b_s 级，可根据其实际完好程度确定。

砌体结构构件风化或粉化等级的评定见表 3-3。

砌体结构构件风化或粉化等级的评定　　表 3-3

检查部位	a_s 级	b_s 级	C_s 级
块材	无风化迹象，且所处环境正常	局部有风化迹象，或尚未风化，但所处环境不良（如潮湿、腐蚀性介质等）	局部或较大范围已风化
砂浆层（灰缝）	无粉化迹象，且所处环境正常	局部有粉化迹象，或尚未粉化，但所处境不良（同上）	局部或较大范围已粉化

注：1. 块材指砖或砌块；

2. 石材的风化，可按当地经验进行检查评定。

4. 控制裂缝的措施

（1）在墙体中合理设置伸缩缝。

（2）为防止、减轻房屋顶层墙体裂缝的措施。

①屋面设有效的保温、隔热层；

②屋面保温（隔热）层或屋面刚性面层及砂浆找平层应设置分隔缝，分隔缝间距不宜大于 6m，并与女儿墙隔开，其缝宽不小于 30mm；

③采用装配式有檩体系钢筋混凝土屋盖和瓦材屋盖；

④在钢筋混凝土屋面板与墙体圈梁的接触面处设置水平滑动层；

⑤顶层钢筋混凝土屋面板下设置钢筋混凝土圈梁，并沿内外墙拉通，房屋两端圈梁下的墙体内宜适当设置水平钢筋；

⑥顶层挑梁末端下墙体灰缝内设置3道焊接钢筋网片或2ϕ6钢筋，伸入挑梁末端两边墙体不小于1m；

⑦顶层墙体的门、窗洞口处，在过梁上的水平灰缝内设置2～3道焊接钢筋网片或2ϕ6钢筋，并伸入过梁两端墙内不小于600mm；

⑧顶层及女儿墙砂浆强度等级不低于M5；

⑨女儿墙设置构造柱，其间距不宜大于4m。

（3）为防止或减轻房屋顶屋端部墙体底层墙体裂缝的措施：

①增大基础圈梁的刚度；

②在底层窗台下墙体内设置3道焊接钢筋网片或ϕ6钢筋，并伸入两边窗间墙内不小于600mm；

③采用钢筋混凝土窗台板，窗台板嵌入窗间墙内不小于600mm。

（4）墙体转角处和纵横墙交接处宜沿竖向每隔400～500mm设拉结钢筋，其数量为每120mm墙厚不少于1ϕ6或焊接钢筋网片，埋入长度从墙的转角处或交接处算起，每边不小于600mm。

（5）对灰砂砖、粉煤灰砖、混凝土砌块或其他非烧结砖实体墙长大于5m时，宜在每层墙高度中设置2～3道焊接钢筋网片或3ϕ6通长水平钢筋，竖向间距宜为500mm。

（6）为防止或减轻混凝土砌块房屋顶角两端和底层第一、第二开间门、窗洞口处裂缝的措施。

①在门、窗洞口两侧不少于一个孔洞中设置不小于1ϕ12钢筋，钢筋在楼层圈梁或基础锚固，并采用不低于C20混凝土灌实；

②在门、窗洞口两边的墙体的水平灰缝中，设置度不小于

900mm、竖向间距为 400mm 的 2ϕ4 焊接钢筋网片；

③在顶层和底层设置通长钢筋混凝土窗台梁，梁的高度宜为块高，纵筋不少于 4ϕ10，箍筋 ϕ6@200mm，C20 混凝土。

（7）当房屋刚度较大时，可在窗台下或窗台角处墙体内设置竖向控制缝。

（8）灰砂砖、粉煤灰砖砌体宜采用粘结性能较好的砂浆砌筑，混凝土砌块砌体宜采用砌块专用砂浆。

第四章　砌体工程强制性条文实施指南

国家标准《砌体工程施工质量验收规范》GB50203—2002已发布和实施。规范修订中，贯彻了“验评分离、强化验收、完善手段、过程控制”的指导思想，将有关砌体工程施工及验收规范和工程质量检验评定标准合并，吸收和补充相关内容，删除施工工艺、评优内容，构成了新的砌体工程施工质量验收规范。

与此同时，原2000年版中华人民共和国《工程建设标准强制性条文》（房屋建筑部分）也进行了修订。新版强制性条文将《砌体工程施工质量验收规范》GB50203—2002中的14条强制性条文全部纳入，作为施工质量篇第5章砌体工程的强制性条文内容，这些强制性条文内容可分为以下三类：材料及制品的质量要求；砌筑砂浆及混凝土强度验收；砌筑质量规定。

第一节　砌筑砂浆

《砌体工程施工质量验收规范》GB50203—2002

4.0.1　水泥进场使用前，应分批对其强度、安定性进行复验。检验批应以同一生产厂家、同一编号为一批。

当在使用中对水泥质量有怀疑或水泥出厂超过三个月（快硬硅酸盐水泥超过一个月）时，应复查试验，并按其结果使用。

不同品种的水泥，不得混合使用。

【释义】

根据《建设工程质量管理条例》规定，对建筑材料必须进行检验；未经检验或检验不合格的，不得使用。由于水泥是砌筑砂浆的重要组成材料，其强度、安定性是水泥的重要性能指标，因此，水泥进场使用前，应分批对其强度、安定性进行复验。

施工中，由于水泥在现场的堆放有可能出现混乱或存放时间过久，导致水泥强度降柢和其他性能改变，故作出了“当在使用中对水泥质量有怀疑或水泥出厂超过三个月（快硬硅酸盐水泥超过一个月）时，应复查试验，并按其结果使用”的规定。

由于各种水泥成分不一，性能存在差异，当不同品种水泥混合使用后，往往会发生材料变化或强度降低现象，引起工程质量问题，因此规定不同品种的水泥，不得混合使用。

【措施】

1. 在施工现场，水泥应按品种、强度等级、出厂日期分别堆放，并应保持干燥。

2. 应进行水泥强度、安定性复验。

3. 使用中如水泥强度有所降低，应重新进行砌筑砂浆配合比设计。

4. 施工单位现场质量管理人员和班组长应注意避免水泥混用现象。

【检查】

1. 水泥强度、安定性复验报告单。

2. 水泥强度降低时砌筑砂浆的配合比设计资料。

3. 经常了解施工现场水泥使用状况。

【判定】

1. 对安定性不合格的水泥，不得在砌筑砂浆中使用。

2. 施工中所用水泥，强度等级应按复验结果使用。

3. 不同品种的水泥，不得混合使用。

4.0.8 凡在砂浆中掺入有机塑化剂、早强剂、缓凝剂、防冻剂等，应经检验和试配符合要求后，方可使用。有机塑化剂应有砌体强度的型式检验报告。

【释义】

在砌体工程施工过程中，根据需要有时在砌筑砂浆中掺入早强剂、缓凝剂、防冻剂等，由于这些外加剂产品比较多，在性能上存在差异，为确保砌筑砂浆的质量，应对这些外加剂进行检验和砌筑砂浆试配，在符合要求后方可使用。

中华人民共和国行业标准《砌筑砂浆配合比设计规程》JGJ98—2002对砂浆的稠度和分层度两项技术指标做了明确的规定。为满足砌筑砂浆稠度和分层度的技术条件，除了使用水泥混合砂浆以外，可在水泥砂浆中掺用有机塑化剂。目前，市场上出售的有机塑化剂种类较多，由于其作用机理各异，在使用中除了应进行材料本身性能（如对砌筑砂浆强度的影响）检测之外，尚应针对砌体强度进行检验，应有完整的型式检验报告。例如，在水泥砂浆中掺入微沫剂后，经搅拌，在砂粒四周形成微小而稳定的空气泡，从而起到润滑和改善砂浆性能的作用。但是，经国内、外的试验表明，掺用微沫剂的水泥砂浆对砌体抗压强度将产生不利影响，其强度降低10%；而对砌体的抗剪强度不产生不利影响。

【措施】

1. 施工单位应对在砌筑砂浆中使用的有机塑化剂、早强剂、缓凝剂、防冻剂等应进行检验和砂浆试配。

2. 施工单位购入有机塑化剂时，应索取包括砌体强度检验在内的完整的型式检验报告。

【检查】

1. 掺用有机塑化剂、早强剂、缓凝剂、防冻剂等的性能检验和砂浆试配报告单。

2. 有机塑化剂生产厂家提供的，包括砌体强度检验在内的完整的型式检验资料（技术性能应经鉴定，产品的投产鉴定应获当地建设行政主管部门批准）。

【判定】

1. 掺用有机塑化剂、早强剂、缓凝剂、防冻剂等的砌筑砂浆的性能，应经检验合格。否则，不应使用。

2. 有机塑化剂生产厂家提供的产品说明书应有包括砌体强度检验在内的完整的型式检验资料。如缺，不应使用。

第二节　砖砌体工程

《砌体工程施工质量验收规范》GB50203—2002

5.2.1　砖和砂浆的强度等级必须符合设计要求。

【释义】

在砖砌体工程中，砖和砂浆是组成砌体的两种重要材料。根据我国现行国家标准《砌体结构设计规范》GB50003—2001 规定，砌体强度设计值主要取决于块材和砂浆的强度等级和施工质量控制等级，因此，为保证砖砌体的受力性能和施工质量，砖和砂浆的强度等级必须符合设计要求。

【措施】

1. 各验收批砖（烧结砖 15 万块、多孔砖 5 万块、灰砂砖及粉煤灰砖 10 万块各为验收批）抽一组进行强度检验。

2. 同一类型、强度等级的砌筑砂浆，每一检验批且不超过 $250m^3$ 砌体施工中，对每台搅拌机应进行砂浆强度抽检。

【检查】

1. 砖强度试验报告单。

2. 砂浆强度试验报告单。

【判定】

1. 砖和砂浆的强度等级必须符合设计要求。

2. 对砂浆试块强度偏低的砌体部位，可采用现场检验方法对砂浆和砌体强度进行原位检测或取样检测，再视其检测结果，依照现行国家标准《建筑工程施工质量验收统一标准》GB50300—2001 进行验收。即当砌体中砂浆强度或砌体强度能够达到设计要求的检验批，应予以验收；当砌体中砂浆或砌体强度达不到设计要求，但经原设计单位核算认可能够满足结构安全的检验批，可予以验收；当砌体中砂浆或砌体强度不满足结构安全的检验批，应返工重做或加固处理，再进行验收。

5.2.3 砖砌体的转角处和交接处应同时砌筑，严禁无可靠措施的内外墙分砌施工。对不能同时砌筑而又必须留置的临时间断处应砌成斜槎，斜槎水平投影长度不应小于高度的2/3。

【释义】

砖砌体房屋在地震作用下的震害特点是破坏率高。统计表明，当遭遇6度、7度地震时，多层砖房就有破坏的可能；遭遇8度、9度地震时，将发生明显的破坏，甚至倒塌；遭遇到11度地震时，几乎全部倒塌。震害调查还表明，多层砖房的转角墙和内外交接墙的破坏是一种典型的震害。

试验研究表明，纵横墙同时砌筑的整体性最好；留置斜槎时，墙体的整体性有所降低，承受水平荷载能力较同时砌筑墙体的低7%左右；留直槎并设拉结钢筋的墙体和只留直槎不设拉结钢筋的墙体，其承受水平荷载能力分别较同时砌筑墙体的低15%和28%。

综上所述，为不降低砖砌体转角处和交接处墙体的整体性和承受水平荷载能力，减轻房屋的震害，对其砌筑做了相应的规定。

【措施】

1. 施工单位应对质量管理人员和操作工人加强规范的学习，并认真执行。

2. 施工中加强自检，杜绝违背规范要求的做法。

【检查】

1. 检验批质量验收记录。

2. 在对砌体工程的观感质量进行检查时，对砌体的转角处和纵横墙交接处进行全面观察检查。

【判定】

1. 对抗震设防烈度为8度及以上地区的房屋，砌体的转角处和交接处应同时砌筑，或斜槎连接。

2. 对非抗震设防及抗震设防烈度为6度、7度地区，除转角处外，可留直槎，但直槎必须做成凸槎，并按现行国家标准

《砌体工程施工质量验收规范》BG50203—2002 第 5.2.4 条的规定加设拉结钢筋。

第三节 混凝土小型空心砌块砌体工程

《砌体工程施工质量验收规范》GB50203—2002

6.1.2 施工时所用的小砌块的产品龄期不应小于 28d。

【释义】

工程实践表明，混凝土小砌块有许多优点，但也存在墙面裂缝较普遍的突出问题。究其裂缝原因，除小砌块生产过程中可能产生的细微裂纹和因地基不均匀沉降、温度应力等因素外，小砌块的收缩应力作用也是一个重要原因。

根据现行国家标准《砌体结构设计规范》GB50003—2001，普通混凝土小砌块砌体和轻骨料混凝土小砌块砌体的收缩率分别为－0.2mm/m 和－0.3mm/m；烧结粘土砖砌体的收缩率为－0.1mm/m。可以看出，普通混凝土小砌块砌体和轻骨料混凝土小砌块砌体的收缩率为烧结粘土砖砌体的 2 倍和 3 倍。砌体的收缩变形加大，将导致收缩应力增加，随之使砌体更易出现裂缝。

混凝土的干燥收缩与使用材料、混凝土配合比、构件的形状和尺寸、养护条件、混凝上的龄期、外加剂等有关。其中，混凝土龄期越短、收缩变化越明显；龄期越长，收缩变化越缓慢。在龄期一个月时，其收缩变形可完成最终收缩变形的 50%～60%。因此，对施工时所用的小砌块的产品龄期作一个限制（不小于 28d）是必要的，这对减少或消除混凝土小砌块房屋的墙面裂缝是有效的。

【措施】

1. 小砌块进入施工现场时，施工单位应仔细了解小砌块的生产日期。

2. 坚持先检验小砌块的强度等级（产品龄期 28d 的强度检

验）后砌筑施工的程序。

【检查】

小砌块强度试验报告中的产品龄期。

【判定】

施工时所用小砌块的产品龄期等于或大于28d时方可砌筑墙体。

6.1.7　承重墙体严禁使用断裂小砌块。

【释义】

这里所称“断裂小砌块”是指裂纹比较严重（即裂纹比较宽，比较长）的小砌块，具体就是裂缝超过小砌块合格品的标准：裂纹延伸的投影尺寸累计不大于30mm。承重墙体严禁使用断裂小砌块的规定，对保证墙体的受力性能和控制墙体裂缝是一项重要措施。

【措施】

1. 施工单位应对质量管理人员和操作工人加强规范的学习，并认真执行。

2. 施工中加强自检，砌筑时剔除裂纹超标的小砌块。

【检查】

1. 施工中随时在现场观察检查。

2. 在对砌体的观感质量进行检查时，注意对墙上小砌块裂纹状态的观察检查。

【判定】

对已上墙的断裂小砌块应予拆换或修补。

6.1.9　小砌块应底面朝上反砌于墙上。

【释义】

本条规定中的“反砌”即表示小砌块壁（肋）较厚（宽）的一面朝上砌筑。由于小砌块采用竖向抽芯工艺生产，因此，就自然形成小砌块底面壁（肋）较厚（宽）。为使小砌块砌体水平灰缝砂浆饱满和保证砌体的受力性能，故规定了“反砌”原则。

【措施】

1. 施工单位应对质量管理人员和操作工作加强规范的学习，并认真执行。

2. 施工中加强自检。

【检查】

施工中随时在现场观察检查。

【判定】

小砌块“反砌”才符合规范要求。

6.2.1 小砌块和砂浆的强度等级必须符合设计要求。

【释义】

混凝土小砌块砌体工程中，小砌块和砂浆的强度等级是否符合设计要求，是其砌体结构性能能否满足设计及使用要求的关键。因此，为保证混凝土小砌块砌体的施工质量，小砌块和砂浆的强度等级必须符合设计要求。

【措施】

1. 各验收批小砌块（每一生产厂家，按每 1 万块小砌块为一批）至少抽一组；用于多层以上建筑的基础和底层的小砌块至少抽 2 组进行强度检验。

2. 同一类型、强度等级的砌筑砂浆，每一检验批且不超过 $250m^3$ 砌体施工中，对每台搅拌机应进行砂浆强度抽检。

【检查】

1. 小砌块强度试验报告单。

2. 砂浆强度试验报告单。

【判定】

1. 小砌块和砂浆的强度等级必须符合设计要求。

2. 对砂浆试块强度偏低的砌体部位，可采用现场检验方法对砂浆和砌体强度进行原位检测或取样检测，再视其检测结果依照现行国家标准《建筑工程施工质量验收统一标准》GB50300—2001 进行验收。即参照本实施指南第六章第二节中 5.2.1 条判定。

6.2.3 墙体转角处和纵横墙交接处应同时砌筑。临时间断处应

砌成斜槎，斜槎水平投影长度不应小于高度的 2/3。

【释义】

砌体结构中的墙体转角处和纵横墙交接处是受力（特别是在地震作用下）的薄弱部位。因此，在混凝土小砌块砌体施工时，房屋转角处和纵横墙交接处也应和砖砌体房屋一样同时砌筑。混凝土小砌块砌体施工中的临时间断处也应砌成斜槎。

【措施】

1. 施工单位应对质量管理人员和操作工人加强规范的学习，并认真执行。

2. 施工中加强自检，杜绝违背规范要求的做法。

【检查】

1. 检验批质量验收记录。

2. 在对砌体工程观感质量进行检查时，对砌体的转角处和纵横墙交接处全面观察检查。

【判定】

无论是否抗震设防地区，混凝土小砌块砌块房屋的转角处和纵横墙交接处均不得采用留置直槎的砌筑方法。

第四节　石砌体工程

《砌体工程施工质量验收规范》GB50203—2002

7.1.9　挡土墙的泄水孔当设计无规定时，施工应符合下列规定：

1. 泄水孔应均匀设置，在每米高度上间隔 2m 左右设置一个泄水孔；

2. 泄水孔与土体间铺设长宽各为 300mm、厚 200mm 的卵石或碎石作疏水层。

【释义】

在挡土墙中，为使其墙后的积水（渗入的地表水或地下水）易于排出，不增加挡土墙的土压力，保证结构安全，应在挡土墙墙身设置排水孔。对在施工场地周围砌筑的石砌体挡土墙，由于不属于房屋设计内容，设计单位一般也不会进行施工图设计。因此，施工单位应按照本条之规定设置挡土墙的泄水孔。

【措施】

1．施工单位应对质量管理人员和操作工人加强规范的学习，并认真执行。

2．施工中加强自检，杜绝违背规范要求的做法。

【检查】

进行观察检查。

【判定】

不符合要求的应返工。

7.2.1 石材及砂浆强度等级必须符合设计要求。

【释义】

在石砌体结构中，石材及砌筑砂浆的强度等级直接关系着砌体结构的力学性能，故必须符合设计要求，以满足结构的设计及使用要求。

【措施】

1．对同产地的石材应进行石材强度等级检验。

2．同一类型、强度等级的砌筑砂浆，每一检验批且不超过 $250m^3$ 的砌体施工中，对每台搅拌机应进行砂浆强度抽检。

【检查】

1．石材强度试验报告单。

2．砂浆强度试验报告单。

【判定】

1．石材和砂浆强度等级必须符合设计要求。

2．对砂浆试块强度偏低的砌体部位，可采用现场检验方法对砂浆和砌体强度进行原位检测或取样检测，再视其检测结果依照现行国家标准《建筑工程施工质量验收统一标准》GB50300—2001 进行验收。即参照本规范讲座第二节中 5.2.1 条判定。

第五节 配筋砌体工程

《砌体工程施工质量验收规范》GB50203—2002

8.2.1 钢筋的品种、规格和数量应符合设计要求。

【释义】

在配筋砌体中，钢筋和水泥、块材及各种外加剂同属主要材料。对钢筋而言，除应遵守现行国家标准《混凝土结构工程施工质量验收规范》GB50204—2002 有关条文规定外，在砌体工程施工中，钢筋的品种、规格和数量应符合设计要求。

【措施】

1. 采购钢筋时，应避免不合格钢筋混入。

2. 按钢筋进场的批次，以重量不大于 60t 的同品种、同规格钢筋为一批进行钢筋机械性能复验。

3. 施工中依照设计图纸要求，把好钢筋隐蔽工程验收质量关。

【检查】

1. 钢筋的产品合格证、出厂检验报告和复验报告单。

2. 对照施工图检查已安装好的钢筋的品种、规格及数量。

3. 钢筋隐蔽工程验收记录。

【判定】

1. 钢筋的品种、规格和数量应符合设计要求。

2. 不合格的钢筋不得使用。

3. 钢筋品种、规格和数量如不符合设计要求，应予拆换、补足，或补强处理。

8.2.2 构造性、芯柱、组合砌体构件、配筋砌体剪力墙构件的混凝土或砂浆的强度等级应符合设计要求。

【释义】

配筋砌体结构是由配置钢筋的砌体作为建筑物主要受力构件

的结构，是网状配筋砌体柱、水平配筋砌体墙、砖砌体和钢筋混凝土面层或钢筋砂浆面层组合砌体墙（柱）、砖砌体和钢筋混凝土构造柱（芯柱）组合墙以及配筋砌体剪力墙结构的统称。

由于配筋砌体结构中混凝土及砂浆的强度不仅直接影响钢筋的粘结与锚固性能，而且还关系配筋砌体结构的力学性能，因此做了本条规定。

【措施】

对每一检验批砌体，应进行混凝土及砂浆的强度等级检验。

【检查】

1．混凝土强度试验报告单。

2．砂浆强度试验报告单。

【判定】

1．混凝土及砂浆强度等级应符合设计要求。

2．当混凝土及砂浆强度检验不符合设计要求时，应按照现行国家标准《建筑工程施工质量验收统一标准》GB50300—2001进行验收处理。即当砌体中的混凝土及砂浆强度能够达到设计要求的检验批，应予以验收；当砌体中的混凝土及砂浆强度达不到设计要求，但经原设计单位核算认可能够满足结构安全的检验批，可予以验收；当砌体中混凝土和砂浆强度不满足安全的检验批，应返工重做或加固处理，再进行验收。

第六节　冬期施工

《砌体工程施工质量验收规范》GB50203—2002

10.0.4　冬期施工所用材料应符合下列规定：

1．石灰膏、电石膏等应防止受冻，如遭冻结，应经融化后使用；

2．拌制砂浆用砂，不得含有冰块和大于10mm的冻结块；

3．砌体用砖或其他块材不得遭水浸冻。

【释义】

石灰膏、电石膏等处于冻结状态下很难在砂浆中拌合均匀，这不仅起不到改善砂浆和易性的作用，还会降低砂浆强度。

砂浆用砂有一定的含水率，在冬期施工中有可能在其中混有冰块和并结成一定直径的砂块，从而影响砂浆的均匀性和强度。

常温下，砖或其他块材表面的污物的清除比较容易，但当其遭受水浸后，块材表面的污物较难清除干净，会直接影响块材与砂浆间的粘结，进而降低砌体的整体性和强度。

综上所述，为保证冬期施工中砌体的施工质量，对冬期施工所用材料做了有关规定。

【措施】

1. 拌制砂浆用砂，应过筛或加热。

2. 石灰膏、电石膏应覆盖保温材料，以免冻结，如遭冻结，应经融化后使用。

3. 块材堆放中应防止雨雪直接飘落在块材上。

【检查】

1. 施工单位制定的冬期施工措施。

2. 现场观察检查。

【判定】

所用材料应符合本条之规定。

严格执行现行国家标准《砌体工程施工质量验收规范》GB50203—2002的有关规定。

删除条文：原《规范》条文删除原因说明见表3-4。

删除条文说明 表3-4

序号	原《规范》条文	删除原因
1	10.0.1 砌体工程应对下列隐蔽项目进行验收（略）	此条文的内容已在新《规范》第11.0.1条中有所体现
2	10.0.3 砌体工程的验收，除检查有关文件、记录外，还应进行外观抽查	此条文的内容已在新《规范》第11.0.2条中有所体现

续表

序号	原《规范》条文	删除原因
3	10.0.4 条当提供的文件、记录及外观检查的结果符合有关现行国家标准的要求时方可进行验收	此条文的内容已在新《规范》相关条文中给予了具体的规定

质量重于泰山。建筑工程百年大计，必须精心设计、精心施工，以确保其质量满足房屋的结构安全和建筑使用功能。

砌体工程的施工过程环节多，而且基本上为工人手工操作，其工程质量受众多因素影响，例如原材料的质量、砌筑砂浆及混凝土的拌合质量（配合比、均匀性、抗压强度等）、砂浆拌制后的时间、块材的浇（洒）水湿润程度、砌筑时的砌筑方法、铺浆长度、砌体灰缝砂浆饱满度、水平灰缝厚度、气候条件、工人的砌筑水平及施工质量管理水平的高低等。因此，各施工企业除了应不断加强工人技术水平和提高施工管理水平外，应严格、认真执行产品标准和砌体工程施工质量验收规范，杜绝各种质量通病和质量事故。

一、砌体工程施工质量验收规范

Code for acceptance of construction quality
of masonry engineering

GB 50203—2002

主编部门：陕西省发展计划委员会
批准部门：中华人民共和国建设部
施行日期：2 0 0 2 年 4 月 1 日

关于发布国家标准《砌体工程施工质量验收规范》的通知

建标［2002］59号

根据建设部《关于印发〈二〇〇〇至二〇〇一年度工程建设国家标准制定、修订计划〉的通知》（建标［2001］87号）的要求，陕西省发展计划委员会会同有关部门共同修订了《砌体工程施工质量验收规范》。我部组织有关部门对该规范进行了审查，现批准为国家标准，编号为GB50203—2002，自2002年4月1日起施行。其中，4.0.1、4.0.8、5.2.1、5.2.3、6.1.2、6.1.7、6.1.9、6.2.1、6.2.3、7.1.9、7.2.1、8.2.1、8.2.2、10.0.4为强制性条文，必须严格执行。原《砌体工程施工及验收规范》GB50203—98同时废止。

本规范由建设部负责管理和对强制性条文的解释，陕西省建筑科学研究设计院负责具体技术内容的解释，建设部标准定额研究所组织中国建筑工业出版社出版发行。

中华人民共和国建设部

2002年3月15日

前　言

工程建设国家标准《砌体工程施工质量验收规范》GB50203—2002是根据国家建设部建标标［2001］87号文'关于印发'二〇〇〇年至二〇〇一年度工程建设国家标准制定、修订计划'的通知"的要求，由陕西省发展计划委员会负责，陕西省建筑科学研究设计院会同有关单位共同编制而成的。

本规范在编制过程中，编制组进行了广泛、深入的调查研究，总结了我国建筑工程施工质量验收的实践经验，坚持了"验评分离、强化验收、完善手段、过程控制"的指导思想，以《建筑工程施工质量验收统一标准》BG 50203—2001为准则，并广泛征求了有关单位的意见，由我部于2001年9月进行审查定稿。

本规范的编制是将有关砌体工程施工及验收规范和工程质量检验评定标准合并，吸收和补充相关内容，删除有关施工工艺、评优内容，构成新的砌体工程施工质量验收规范，以统一砌体工程施工质量的验收方法、质量标准和程序。

本规范共分11章。砖砌体工程、混凝土小型空心砌块工程、石砌体工程、配筋砌体工程、填充墙砌体工程等分项工程单独成章。在该5章第1节"一般规定"中，主要是对原材料及施工过程质量控制的要求，在第2节"主控项目"及第3节"一般项目"中，规定了验收项目的质量要求、抽检数量、检验方法。

本规范黑体字标明的条文为强制性条文。

为了提高规范质量，请各单位在执行本规范过程中，注意积累资料、总结经验，如发现需要修改和补充之处，请将意见和有关资料寄交陕西省建筑科学研究设计院（西安市环城西路北段272号，邮政编码710082），以供今后修订时参考。

主编单位：陕西省建筑科学研究设计院

参加单位：陕西省建筑工程总公司

四川省建筑科学研究院

天津建工集团总公司
辽宁省建设科学研究院
山东省潍坊市建筑工程质量监督站

主要起草人：张昌叙　张鸿勋　侯汝欣　佟贵森
张书禹　赵　瑞

目　次

1 总 则

1.0.1 为加强建筑工程的质量管理，统一砌体工程施工质量的验收，保证工程质量，制定本规范。

1.0.2 本规范适用于建筑工程的砖、石、混凝土小型空心砌块、蒸压加气混凝土砌块等砌体的施工质量控制和验收。

1.0.3 本规范与国家标准《建筑工程施工质量验收统一标准》GB 50300—2001 配套使用。

1.0.4 砌体工程施工中采用的工程技术文件、承包合同文件对施工质量验收的要求不得低于本规范的规定。

1.0.5 砌体工程施工质量的验收除应执行本规范外，尚应符合国家现行有关标准的规定。

2 术 语

2.0.1 施工质量控制等级 control grade of construction quality

按质量控制和质量保证若干要素对施工技术水平所作的分级。

2.0.2 型式检验 type inspection

确认产品或过程应用结果适用性所进行的检验。

2.0.3 通缝 continuous seam

砌体中，上下皮块材搭接长度小于规定数值的竖向灰缝。

2.0.4 假缝 supposititious seam

为掩盖砌体竖向灰缝内在质量缺陷，砌筑砌体时仅在表面作灰缝处理的灰缝。

2.0.5 配筋砌体 reinforced masonry

网状配筋砌体柱、水平配筋砌体墙、砖砌体和钢筋混凝土面层或钢筋砂浆面层组合砌体柱（墙）、砖砌体和钢筋混凝土构造柱组合墙以及配筋砌块砌体剪力墙的统称。

2.0.6 芯柱 core column

在砌块内部空腔中插入竖向钢筋并浇灌混凝土后形成的砌体内部的钢筋混凝土小柱。

2.0.7 原位检测 inspection at original space

采用标准的检验方法，在现场砌体中选样进行非破损或微破损检测，以判定砌筑砂浆和砌体实体强度的检测。

3 基本规定

3.0.1 砌体工程所用的材料应有产品的合格证书、产品性能检测报告。块材、水泥、钢筋、外加剂等尚应有材料主要性能的进场复验报告。严禁使用国家明令淘汰的材料。

3.0.2 砌筑基础前，应校核放线尺寸，允许偏差应符合表3.0.2的规定。

表 3.0.2 放线尺寸的允许偏差

长度 L、宽度 B（m）	允许偏差（mm）	长度 L、宽度 B（m）	允许偏差（mm）
L（或 B）≤30	±5	60＜L（或 B）≤90	±15
30＜L（或 B）≤60	±10	L（或 B）＞90	±20

3.0.3 砌筑顺序应符合下列规定：

1 基底标高不同时，应从低处砌起，并应由高处向低处搭砌。当设计无要求时，搭接长度不应小于基础扩大部分的高度。

2 砌体的转角处和交接处应同时砌筑。当不能同时砌筑时，应按规定留槎、接槎。

3.0.4 在墙上留置临时施工洞口，其侧边离交接处墙面不应小于500mm，洞口净宽度不应超过1m。

抗震设防烈度为9度的地区建筑物的临时施工洞口位置，应会同设计单位确定。

临时施工洞口应做好补砌。

3.0.5 不得在下列墙体或部位设置脚手、眼：

1 120mm厚墙、料石清水墙和独立柱；

2 过梁上与过梁成60°角的三角形范围及过梁净跨度1/2的高度范围内；

3 宽度小于1m的窗间墙；

4　砌体门窗洞口两侧200mm（石砌体为300mm）和转角处450mm（石砌体为600mm）范围内；

5　梁或梁垫下及其左右500mm范围内；

6　设计不允许设置脚手眼的部位。

3.0.6　施工脚手眼补砌时，灰缝应填满砂浆，不得用干砖填塞。

3.0.7　设计要求的洞口、管道、沟槽应于砌筑时正确留出或预埋，未经设计同意，不得打凿墙体和在墙体上开凿水平沟槽。宽度超过300mm的洞口上部，应设置过梁。

3.0.8　尚未施工楼板或屋面的墙或柱，当可能遇到大风时，其允许自由高度不得超过表3.0.8的规定。如超过表中限值时，必须采用临时支撑等有效措施。

表3.0.8　**墙和柱的允许自由高度（m）**

墙（柱）厚（mm）	砌体密度＞1600(kg/m^3)			砌体密度1300～1600(kg/m^3)		
	风载(kN/m^2)			风载(kN/m^2)		
	0.3(约7级风)	0.4(约8级风)	0.5(约9级风)	0.3(约7级风)	0.4(约8级风)	0.5(约9级风)
190	—	—	—	1.4	1.1	0.7
240	2.8	2.1	1.4	2.2	1.7	1.1
370	5.2	3.9	2.6	4.2	3.2	2.1
490	8.6	6.5	4.3	7.0	5.2	3.5
620	14.0	10.5	7.0	11.4	8.6	5.7

注：1. 本表适用于施工处相对标高（H）在10m范围内的情况。如10m＜H≤15m，15m＜H≤20m时，表中的允许自由高度应分别乘以0.9、0.8的系数；如H＞20m时，应通过抗倾覆验算确定其允许自由高度。

2. 当所砌筑的墙有横墙或其他结构与其连接，而且间距小于表列限值的2倍时，砌筑高度可不受本表的限制。

3.0.9　搁置预制梁、板的砌体顶面应找平，安装时应座浆。当设计无具体要求时，应采用1∶2.5的水泥砂浆。

3.0.10　砌体施工质量控制等级应分为三级，并应符合表

3.0.10 的规定。

表 3.0.10　　砌体施工质量控制等级

项　目	施　工　质　量　控　制　等　级		
	A	B	C
现场质量管理	制度健全，并严格执行；非施工方质量监督人员经常到现场，或现场设有常驻代表；施工方有在岗专业技术管理人员，人员齐全，并持证上岗	制度基本健全，并能执行；非施工方质量监督人员间断地到现场进行质量控制；施工方有在岗专业技术管理人员，并持证上岗	有制度；非施工方质量监督人员很少作现场质量控制；施工方有在岗专业技术管理人员
砂浆、混凝土强度	试块按规定制作，强度满足验收规定，离散性小	试块按规定制作，强度满足验收规定，离散性较小	试块强度满足验收规定，离散性大
砂浆拌合方式	机械拌合；配合比计量控制严格	机械拌合；配合比计量控制一般	机械或人工拌合；配合比计量控制较差
砌筑工人	中级工以上，其中高级工不少于 20%	高、中级工不少于 70%	初级工以上

3.0.11　设置在潮湿环境或有化学侵蚀性介质的环境中的砌体灰缝内的钢筋应采取防腐措施。

3.0.12　砌体施工时，楼面和屋面堆载不得超过楼板的允许荷载值。施工层进料口楼板下，宜采取临时加撑措施。

3.0.13　分项工程的验收应在检验批验收合格的基础上进行。检验批的确定可根据施工段划分。

3.0.14　砌体工程检验批验收时，其主控项目应全部符合本规范的规定；一般项目应有 80% 及以上的抽检处符合本规范的规定，或偏差值在允许偏差范围以内。

4 砌筑砂浆

4.0.1 水泥进场使用前，应分批对其强度、安定性进行复验。检验批应以同一生产厂家、同一编号为一批。

当在使用中对水泥质量有怀疑或水泥出厂超过三个月（快硬硅酸盐水泥超过一个月）时，应复查试验，并按其结果使用。

不同品种的水泥，不得混合使用。

4.0.2 砂浆用砂不得含有有害杂物。砂浆用砂的含泥量应满足下列要求：

1 对水泥砂浆和强度等级不小于 M5 的水泥混合砂浆，不应超过 5%；

2 对强度等级小于 M5 的水泥混合砂浆，不应超过 10%；

3 人工砂、山砂及特细砂，应经试配能满足砌筑砂浆技术条件要求。

4.0.3 配制水泥石灰砂浆时，不得采用脱水硬化的石灰膏。

4.0.4 消石灰粉不得直接使用于砌筑砂浆中。

4.0.5 拌制砂浆用水，水质应符合国家现行标准《混凝土拌合用水标准》JGJ63 的规定。

4.0.6 砌筑砂浆应通过试配确定配合比。当砌筑砂浆的组成材料有变更时，其配合比应重新确定。

4.0.7 施工中当采用水泥砂浆代替水泥混合砂浆时，应重新确定砂浆强度等级。

4.0.8 凡在砂浆中掺入有机塑化剂、早强剂、缓凝剂、防冻剂等，应经检验和试配符合要求后，方可使用。有机塑化剂应有砌体强度的型式检验报告。

4.0.9 砂浆现场拌制时，各组分材料应采用重量计量。

4.0.10 砌筑砂浆应采用机械搅拌，自投料完算起，搅拌时间应符合下列规定：

1 水泥砂浆和水泥混合砂浆不得少于2min；

2 水泥粉煤灰砂浆和掺用外加剂的砂浆不得少于3min；

3 掺用有机塑化剂的砂浆，应为3～5min。

4.0.11 砂浆应随拌随用，水泥砂浆和水泥混合砂浆应分别在3h和4h内使用完毕；当施工期间最高气温超过30℃时，应分别在拌成后2h和3h内使用完毕。

注：对掺用缓凝剂的砂浆，其使用时间可根据具体情况延长。

4.0.12 砌筑砂浆试块强度验收时其强度合格标准必须符合以下规定：

同一验收批砂浆试块抗压强度平均值必须大于或等于设计强度等级所对应的立方体抗压强度；同一验收批砂浆试块抗压强度的最小一组平均值必须大于或等于设计强度等级所对应的立方体抗压强度的0.75倍。

注：①砌筑砂浆的验收批，同一类型、强度等级的砂浆试块应不少于3组。当同一验收批只有一组试块时，该组试块抗压强度的平均值必须大于或等于设计强度等级所对应的立方体抗压强度。

②砂浆强度应以标准养护，龄期为28d的试块抗压试验结果为准。

抽检数量：每一检验批且不超过250m^{3}砌体的各种类型及强度等级的砌筑砂浆，每台搅拌机应至少抽检一次。

检验方法：在砂浆搅拌机出料口随机取样制作砂浆试块（同盘砂浆只应制作一组试块），最后检查试块强度试验报告单。

4.0.13 当施工中或验收时出现下列情况，可采用现场检验方法对砂浆和砌体强度进行原位检测或取样检测，并判定其强度：

1 砂浆试块缺乏代表性或试块数量不足；

2 对砂浆试块的试验结果有怀疑或有争议；

3 砂浆试块的试验结果，不能满足设计要求。

5 砖砌体工程

5.1 一般规定

5.1.1 本章适用于烧结普通砖、烧结多孔砖、蒸压灰砂砖、粉煤灰砖等砌体工程。

5.1.2 用于清水墙、柱表面的砖，应边角整齐，色泽均匀。

5.1.3 有冻胀环境和条件的地区，地面以下或防潮层以下的砌体，不宜采用多孔砖。

5.1.4 砌筑砖砌体时，砖应提前1～2d浇水湿润。

5.1.5 砌砖工程当采用铺浆法砌筑时，铺浆长度不得超过750mm；施工期间气温超过30℃时，铺浆长度不得超过500mm。

5.1.6 240mm厚承重墙的每层墙的最上一皮砖，砖砌体的阶台水平面上及挑出层，应整砖丁砌。

5.1.7 砖砌平拱过梁的灰缝应砌成楔形缝。灰缝的宽度，在过梁的底面不应小于5mm；在过梁的顶面不应大于15mm。

拱脚下面应伸入墙内不小于20mm，拱底应有1%的起拱。

5.1.8 砖过梁底部的模板，应在灰缝砂浆强度不低于设计强度的50%时，方可拆除。

5.1.9 多孔砖的孔洞应垂直于受压面砌筑。

5.1.10 施工时施砌的蒸压（养）砖的产品龄期不应小于28d。

5.1.11 竖向灰缝不得出现透明缝、瞎缝和假缝。

5.1.12 砖砌体施工临时间断处补砌时，必须将接槎处表面清理干净，浇水湿润，并填实砂浆，保持灰缝平直。

5.2 主控项目

5.2.1 砖和砂浆的强度等级必须符合设计要求。

抽检数量：每一生产厂家的砖到现场后，按烧结砖15万块、多孔砖5万块、灰砂砖及粉煤灰砖10万块各为一验收批，抽检数量为1组。砂浆试块的抽检数量执行本规范第4.0.12条的有关规定。

检验方法：查砖和砂浆试块试验报告。

5.2.2 砌体水平灰缝的砂浆饱满度不得小于80%。

抽检数量：每检验批抽查不应少于5处。

检验方法：用百格网检查砖底面与砂浆的粘结痕迹面积。每处检测3块砖，取其平均值。

5.2.3 砖砌体的转角处和交接处应同时砌筑，严禁无可靠措施的内外墙分砌施工。对不能同时砌筑而又必须留置的临时间断处应砌成斜槎，斜槎水平投影长度不应小于高度的2/3。

抽检数量：每检验批抽20%接槎，且不应少于5处。

检验方法：观察检查。

5.2.4 非抗震设防及抗震设防烈度为6度、7度地区的临时间断处，当不能留斜槎时，除转角处外，可留直槎，但直槎必须做成凸槎。留直槎处应加设拉结钢筋，拉结钢筋的数量为每120mm墙厚放置1ϕ6拉结钢筋（120mm厚墙放置2ϕ6拉结钢筋），间距沿墙高不应超过500mm；埋入长度从留槎处算起每边均不应小于500mm，对抗震设防烈度6度、7度的地区，不应小于1000mm；末端应有90°弯钩（图5.2.4）。

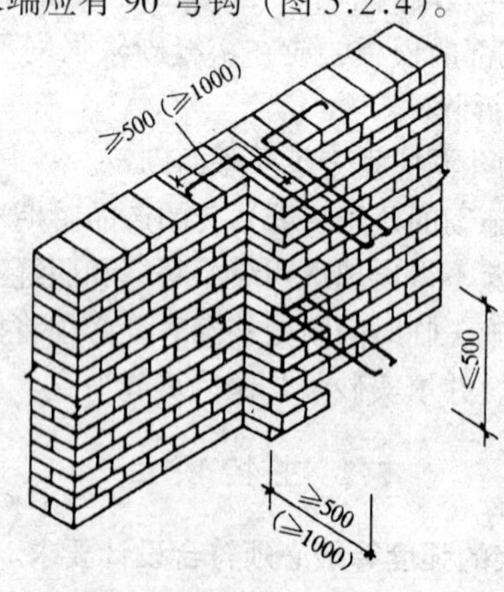

图5.2.4

抽检数量：每检验批抽 20％接槎，且不应少于 5 处。

检验方法：观察和尺量检查。

合格标准：留槎正确，拉结钢筋设置数量、直径正确，竖向间距偏差不超过 100mm，留置长度基本符合规定。

表 5.2.5 砖砌体的位置及垂直度允许偏差应符合表 5.2.5 的规定。

表 5.2.5　砖砌体的位置及垂直度允许偏差

<table>
<tr><th>项次</th><th colspan="3">项　目</th><th>允许偏差（mm）</th><th>检　验　方　法</th></tr>
<tr><td>1</td><td colspan="3">轴线位置偏移</td><td>10</td><td>用经纬仪和尺检查或用其他测量仪器检查</td></tr>
<tr><td rowspan="3">2</td><td rowspan="3">垂直度</td><td colspan="2">每　层</td><td>5</td><td>用 2m 托线板检查</td></tr>
<tr><td rowspan="2">全高</td><td>≤10m</td><td>10</td><td rowspan="2">用经纬仪、吊线和尺检查，或用其他测量仪器检查</td></tr>
<tr><td>＞10m</td><td>20</td></tr>
</table>

抽检数量：轴线查全部承重墙柱；外墙垂直度全高查阳角，不应少于 4 处，每层每 20m 查一处；内墙按有代表性的自然间抽 10％，但不应少于 3 间，每间不应少于 2 处，柱不少于 5 根。

5.3　一 般 项 目

5.3.1 砖砌体组砌方法应正确，上、下错缝，内外搭砌，砖柱不得采用包心砌法。

检验数量：外墙每 20m 抽查一处，每处 3～5m，且不应少于 3 处；内墙按有代表性的自然间抽 10％，且不应少于 3 间。

检验方法：观察检查。

合格标准：除符合本条要求外，清水墙、窗间墙无通缝；混水墙中长度大于或等于 300mm 的通缝每间不超过 3 处，且不得位于同一面墙体上。

5.3.2 砖砌体的灰缝应横平竖直，厚薄均匀。水平灰缝厚度宜为 10mm，但不应小于 8mm，也不应大于 12mm。

抽检数量：每步脚手架施工的砌体，每 20m 抽查 1 处。

检验方法：用尺量 10 皮砖砌体高度折算。

5.3.3 砖砌体的一般尺寸允许偏差应符合表 5.3.3 的规定。

表 5.3.3　　砖砌体一般尺寸允许偏差

<table>
<tr><th>项次</th><th colspan="2">项　目</th><th>允许偏差（mm）</th><th>检 验 方 法</th><th>抽 检 数 量</th></tr>
<tr><td>1</td><td colspan="2">基础顶面和楼面标高</td><td>±15</td><td>用水平仪和尺检查</td><td>不应少于 5 处</td></tr>
<tr><td rowspan="2">2</td><td rowspan="2">表面平整度</td><td>清水墙、柱</td><td>5</td><td rowspan="2">用 2m 靠尺和楔形塞尺检查</td><td rowspan="2">有代表性自然间 10%，但不应少于 3 间，每间不应少于 2 处</td></tr>
<tr><td>混水墙、柱</td><td>8</td></tr>
<tr><td>3</td><td colspan="2">门窗洞口高、宽（后塞口）</td><td>±5</td><td>用尺检查</td><td>检验批洞口的 10%，且不应少于 5 处</td></tr>
<tr><td>4</td><td colspan="2">外墙上下窗口偏移</td><td>20</td><td>以底层窗口为准，用经纬仪或吊线检查</td><td>检验批的 10%，且不应少于 5 处</td></tr>
<tr><td rowspan="2">5</td><td rowspan="2">水平灰缝平直度</td><td>清水墙</td><td>7</td><td rowspan="2">拉 10m 线和尺检查</td><td rowspan="2">有代表性自然间 10%，但不应少于 3 间，每间不应少于 2 处</td></tr>
<tr><td>混水墙</td><td>10</td></tr>
<tr><td>6</td><td colspan="2">清水墙游丁走缝</td><td>20</td><td>吊线和尺检查，以每层第一皮砖为准</td><td>有代表性自然间 10%，但不应少于 3 间，每间不应少于 2 处</td></tr>
</table>

6 混凝土小型空心砌块砌体工程

6.1 一般规定

6.1.1 本章适用于普通混凝土小型空心砌块和轻骨料混凝土小型空心砌块（以下简称小砌块）工程的施工质量验收。

6.1.2 **施工时所用的小砌块的产品龄期不应小于28d。**

6.1.3 砌筑小砌块时，应清除表面污物和芯柱用小砌块孔洞底部的毛边，剔除外观质量不合格的小砌块。

6.1.4 施工时所用的砂浆，宜选用专用的小砌块砌筑砂浆。

6.1.5 底层室内地面以下或防潮层以下的砌体，应采用强度等级不低于C20的混凝土灌实小砌块的孔洞。

6.1.6 小砌块砌筑时，在天气干燥炎热的情况下，可提前洒水湿润小砌块；对轻骨科混凝土小砌块，可提前浇水湿润。小砌块表面有浮水时，不得施工。

6.1.7 **承重墙体严禁使用断裂小砌块。**

6.1.8 小砌块墙体应对孔错缝搭砌，搭接长度不应小于90mm。墙体的个别部位不能满足上述要求时，应在灰缝中设置拉结钢筋或钢筋网片，但竖向通缝仍不得超过两皮小砌块。

6.1.9 **小砌块应底面朝上反砌于墙上。**

6.1.10 浇灌芯柱的混凝土，宜选用专用的小砌块灌孔混凝土，当采用普通混凝土时，其坍落度不应小于90mm。

6.1.11 浇灌芯柱混凝土，应遵守下列规定：

1 清除孔洞内的砂浆等杂物，并用水冲洗；

2 砌筑砂浆强度大于1MPa时，方可浇灌芯柱混凝土；

3 在浇灌芯柱混凝土前应先注入适量与芯柱混凝土相同的去石水泥砂浆，再浇灌混凝土。

6.1.12 需要移动砌体中的小砌块或小砌块被撞动时，应重新铺砌。

6.2 主控项目

6.2.1 小砌块和砂浆的强度等级必须符合设计要求。

抽检数量：每一生产厂家，每1万块小砌块至少应抽检一组。用于多层以上建筑基础和底层的小砌块抽检数量不应少于2组。砂浆试块的抽检数量执行本规范第4.0.12条的有关规定。

检验方法：查小砌块和砂浆试块试验报告。

6.2.2 砌体水平灰缝的砂浆饱满度，应按净面积计算不得低于90%；竖向灰缝饱满度不得小于80%，竖缝凹槽部位应用砌筑砂浆填实；不得出现瞎缝、透明缝。

抽检数量：每检验批不应少于3处。

检验方法：用专用百格网检测小砌块与砂浆粘结痕迹，每处检测3块小砌块，取其平均值。

6.2.3 墙体转角处和纵横墙交接处应同时砌筑。临时间断处应砌成斜槎，斜槎水平投影长度不应小于高度的2/3。

抽检数量：每检验批抽20%接槎，且不应少于5处。

检验方法：观察检查。

6.2.4 砌体的轴线偏移和垂直偏差应按本规范第5.2.5条的规定执行。

6.3 一 般 项 目

6.3.1 墙体的水平灰缝厚度和竖向灰缝宽度宜为10mm，但不应大于12mm，也不应小于8mm。

抽检数量：每层楼的检测点不应少于3处。

检验方法：用尺量5皮小砌块的高度和2m砌体长度折算。

6.3.2 小砌块墙体的一般尺寸允许偏差应按本规范第5.3.3条表5.3.3中1～5项的规定执行。

7 石砌体工程

7.1 一般规定

7.1.1 石砌体采用的石材应质地坚实，无风化剥落和裂纹。用于清水墙、柱表面的石材，尚应色泽均匀。

7.1.2 石材表面的泥垢、水锈等杂质，砌筑前应清除干净。

7.1.3 石砌本的灰缝厚度：毛料石和粗料石砌体不宜大于20mm；细料石砌体不宜大于5mm。

7.1.4 砂浆初凝后，如移动已砌筑的石块，应将原砂浆清理干净，重新铺浆砌筑。

7.1.5 砌筑毛石基础的第一皮石块应座浆，并将大面向下；砌筑料石基础的第一皮石块应用丁砌层座浆砌筑。

7.1.6 毛石砌体的第一皮及转角处、交接处和洞口处，应用较大的平毛石砌筑。每个楼层（包括基础）砌体的最上一皮，宜选用较大的毛石砌筑。

7.1.7 砌筑毛石挡土墙应符合下列规定：

1 每砌3～4皮为一个分层高度，每个分层高度应找平一次；

2 外露面的灰缝厚度不得大于40mm，两个分层高度间分层处的错缝不得小于80mm。

7.1.8 料石挡土墙，当中间部分用毛石砌时，丁砌料石伸入毛石部分的长度不应小于200mm。

7.1.9 挡土墙的泄水孔当设计无规定时，施工应符合下列规定：

1 泄水孔应均匀设置，在每米高度上间隔2m左右设置一个泄水孔；

2 泄水孔与土体间铺设长宽各为300mm、厚200mm的卵石或碎石作疏水层。

7.1.10 挡土墙内侧回填土必须分层夯填，分层松土厚度应为300mm。墙顶土面应有适当坡度使流水流向挡土墙外侧面。

7.2 主控项目

7.2.1 石材及砂浆强度等级必须符合设计要求。

抽检数量：同一产地的石材至少应抽检一组。砂浆试块的抽检数量执行本规范第4.0.12条的有关规定。

检验方法：料石检查产品质量证明书，石材、砂浆检查试块试验报告。

7.2.2 砂浆饱满度不应小于80%。

抽检数量：每步架抽查不应少于1处。

检验方法：观察检查。

7.2.3 石砌体的轴线位置及垂直度允许偏差应符合表7.2.3的规定。

表7.2.3 石砌体的轴线位置及垂直度允许偏差

<table>
<tr><th rowspan="4">项次</th><th rowspan="4" colspan="2">项目</th><th colspan="7">允许偏差（mm）</th><th rowspan="4">检验方法</th></tr>
<tr><th colspan="2">毛石砌体</th><th colspan="5">料石砌体</th></tr>
<tr><th rowspan="2">基础</th><th rowspan="2">墙</th><th colspan="2">毛料石</th><th colspan="2">粗斜石</th><th>细料石</th></tr>
<tr><th>基础</th><th>墙</th><th>基础</th><th>墙</th><th>墙、柱</th></tr>
<tr><td>1</td><td colspan="2">轴线位置</td><td>20</td><td>15</td><td>20</td><td>15</td><td>15</td><td>10</td><td>10</td><td>用经纬仪和尺检查，或用其他测量仪器检查</td></tr>
<tr><td rowspan="2">2</td><td rowspan="2">墙面垂直度</td><td>每层</td><td></td><td>20</td><td></td><td>20</td><td></td><td>10</td><td>7</td><td rowspan="2">用经纬仪、吊线和尺检查或用其他测量仪器检查</td></tr>
<tr><td>全高</td><td></td><td>30</td><td></td><td>30</td><td></td><td>25</td><td>20</td></tr>
</table>

抽检数量：外墙，按楼层（或4m高以内）每20m抽查1处，每处3延长米，但不应少于3处；内墙，按有代表性的自然间抽查10%，但不应少于3间，每间不应少于2处，柱子不应少于5根。

7.3 一般项目

7.3.1 石砌体的一般尺寸允许偏差应符合表7.3.1的规定。

抽检数量：外墙，按楼层（4m 高以内）每20m抽查1处，每处3延长米，但不应少于3处；内墙，按有代表性的自然间抽查10%，但不应少于3间，每间不应少于2处，柱子不应少于5根。

表7.3.1　石砌体的一般尺寸允许偏差

<table>
<tr><th rowspan="3">项次</th><th rowspan="3" colspan="2">项目</th><th colspan="7">允许偏差（mm）</th><th rowspan="3">检验方法</th></tr>
<tr><th colspan="2">毛石砌体</th><th colspan="5">料石砌体</th></tr>
<tr><th>基础</th><th>墙</th><th>基础</th><th>墙</th><th>基础</th><th>墙</th><th>墙、柱</th></tr>
<tr><td>1</td><td colspan="2">基础和墙砌体顶面标高</td><td>±25</td><td>±15</td><td>±25</td><td>±15</td><td>±15</td><td>±15</td><td>±10</td><td>用水准仪和尺检查</td></tr>
<tr><td>2</td><td colspan="2">砌体厚度</td><td>±30</td><td>±20
-10</td><td>±30</td><td>±20
-10</td><td>±15</td><td>±10
-5</td><td>±10
-5</td><td>用尺检查</td></tr>
<tr><td rowspan="2">3</td><td rowspan="2">表面平整度</td><td>清水墙、柱</td><td>—</td><td>20</td><td>—</td><td>20</td><td>—</td><td>10</td><td>5</td><td rowspan="2">细料石用2m靠尺和楔形塞尺检查，其他用两直尺垂直于灰缝拉2m线和尺检查</td></tr>
<tr><td>混水墙、柱</td><td>—</td><td>20</td><td>—</td><td>20</td><td>—</td><td>15</td><td>—</td></tr>
<tr><td>4</td><td colspan="2">清水墙水平灰缝平直度</td><td>—</td><td>—</td><td>—</td><td>—</td><td>—</td><td>10</td><td>5</td><td>拉10m线和尺检查</td></tr>
</table>

7.3.2 石砌体的组砌形式应符合下列规定：

1 内外搭砌，上下错缝，拉结石、丁砌石交错设置；

2 毛石墙拉结石每0.7m^{2}墙面不应少于1块。

检查数量：外墙，按楼层（或4m高以内）每20m抽查1处，每处3延长米，但不应少于处；内墙，按有代表性的自然间抽查10%，但不应少于3间。

检验方法：观察检查。

8 配筋砌体工程

8.1 一般规定

8.1.1 配筋砌体工程除应满足本章要求外，尚应符合本规范第5、6章的规定。

8.1.2 构造柱浇灌混凝土前，必须将砌体留槎部位和模板浇水湿润，将模板内的落地灰、砖渣和其他杂物清理干净，并在结合面处注入适量与构造柱混凝土相同的去石水泥砂浆。振捣时，应避免触碰墙体，严禁通过墙体传震。

8.1.3 设置在砌体水平灰缝中钢筋的锚固长度不宜小于50d，且其水平或垂直弯折段的长度不宜小于20d和150mm；钢筋的搭接长度不应小于55d。

8.1.4 配筋砌块砌体剪力墙，应采用专用的小砌块砌筑砂浆和专用的小砌块灌孔混凝土。

8.2 主控项目

8.2.1 钢筋的品种、规格和数量应符合设计要求。

检验方法：检查钢筋的合格证书、钢筋性能试验报告、隐蔽工程记录。

8.2.2 构造柱、芯柱、组合砌体构件、配筋砌体剪力墙构件的混凝土或砂浆的强度等级应符合设计要求。

抽检数量：各类构件每一检验批砌体至少应做一组试块。

检验方法：检查混凝土或砂浆试块试验报告。

8.2.3 构造柱与墙体的连接处应砌成马牙槎，马牙槎应先退后进，预留的拉结钢筋就位置正确，施工中不得任意弯折。

抽检数量：每检验批抽20%构造柱，且不少于3处。

检验方法：观察检查。

合格标准：钢筋竖向移位不应超过100mm，每一马牙槎沿高度方向尺寸不应超过300mm。钢筋竖向位移和马牙槎尺寸偏差每一构造柱不应超过2处。

8.2.4 构造柱位置及垂直度的允许偏差应符合表8.2.4的规定。

表8.2.4 构造柱尺寸允许偏差

<table>
<tr><th>项次</th><th colspan="3">项 目</th><th>允许偏差（mm）</th><th>抽检方法</th></tr>
<tr><td>1</td><td colspan="3">柱中心线位置</td><td>10</td><td>用经纬仪和尺检查或用其他测量仪器检查</td></tr>
<tr><td>2</td><td colspan="3">柱层间错位</td><td>8</td><td>用经纬仪和尺检查或用其他测量仪器检查</td></tr>
<tr><td rowspan="3">3</td><td rowspan="3">柱垂直度</td><td colspan="2">每层</td><td>10</td><td>用2m托线板检查</td></tr>
<tr><td rowspan="2">全高</td><td>≤10m</td><td>15</td><td rowspan="2">用经纬仪、吊线和尺检查，或用其他测量仪器检查</td></tr>
<tr><td>>10m</td><td>20</td></tr>
</table>

抽检数量：每检验批抽10%，且不应少于5处。

8.2.5 对配筋混凝土小型空心砌块砌体，芯柱混凝土应在装配式楼盖处贯通，不得削弱芯柱截面尺寸。

抽检数量：每检验批抽10%，且不应少于5处。

检验方法：观察检查。

8.3 一般项目

8.3.1 设置在砌体水平灰缝内的钢筋，应居中置于灰缝中。水平灰缝厚度应大于钢筋直径4mm以上。砌体外露面砂浆保护层的厚度不应小于15mm。

抽检数量：每检验批抽检3个构件，每个构件检查3处。

检验方法：观察检查，辅以钢尺检测。

8.3.2 设置在砌体灰缝内的钢筋的防腐保护应符合本规范第3.0.11条的规定。

抽检数量：每检验批抽检10%的钢筋。

检验方法：观察检查。

合格标准：防腐涂料无漏刷（喷浸），无起皮脱落现象。

8.3.3 网状配筋砌体中，钢筋网及放置间距应符合设计规定。

抽检数量：每检验批抽 10%，且不应少于 5 处。

检验方法：钢筋规格检查钢筋网成品，钢筋网放置间距局部剔缝观察，或用探针刺入灰缝内检查，或用钢筋位置测定仪测定。

合格标准：钢筋网沿砌体高度位置超过设计规定一皮砖厚不得多于 1 处。

8.3.4 组合砖砌体构件，竖向受力钢筋保护层应符合设计要求，距砖砌体表面距离不应小于 5mm；拉结筋两端应设弯钩，拉结筋及箍筋的位置应正确。

抽检数量：每检验批抽检 10%，且不应少于 5 处。

检验方法：支模前观察与尺量检查。

合格标准：钢筋保护层符合设计要求；拉结筋位置及弯钩设置 80%及以上符合要求，箍筋间距超过规定者，每件不得多于 2 处，且每处不得超过一皮砖。

8.3.5 配筋砌块砌体剪力墙中，采用搭接接头的受力钢筋搭接长度不应小于 35d，且不应少于 300mm。

抽检数量：每检验批每类构件抽 20%（墙、柱、连梁），且不应少于 3 件。

检验方法：尺量检查。

9 填充墙砌体工程

9.1 一般规定

9.1.1 本章适用于房屋建筑采用空心砖、蒸压加气混凝土砌块、轻骨料混凝土小型空心砌块等砌筑填充墙砌体的施工质量验收。

9.1.2 蒸压加气混凝土砌块、轻骨料混凝土小型空心砌块砌筑时，其产品龄期应超过28d。

9.1.3 空心砖、蒸压加气混凝土砌块、轻骨料混凝土小型空心砌块等的运输、装卸过程中，严禁抛掷和倾倒。进场后应按品种、规格分别堆放整齐，堆置高度不宜超过2m。加气混凝土砌块应防止雨淋。

9.1.4 填充墙砌体砌筑前块材应提前2d浇水湿润。蒸压加气混凝土砌块砌筑时，应向砌筑面适量浇水。

9.1.5 用轻骨料混凝土小型空心砌块或蒸压加气混凝土砌块砌筑墙体时，墙底部应砌烧结普通砖或多孔砖，或普通混凝土小型空心砌块，或现浇混凝土坎台等，其高度不宜小于200mm。

9.2 主控项目

9.2.1 砖、砌块和砌筑砂浆的强度等级应符合设计要求。

检验方法：检查砖或砌块的产品合格证书、产品性能检测报告和砂浆试块试验报告。

9.3 一般项目

9.3.1 填充墙砌体一般尺寸的允许偏差应符合表9.3.1的规定。

抽检数量：

(1) 对表中1、2项，在检验批的标准间中随机抽查10%，但不应少于3间；大面积房间和楼道按两个轴线或每10延长米按一标准间计数。每间检验不应少于3处。

（2）对表9.3.1中3、4项，在检验批中抽检10%，且不应少于5处。

表9.3.1　填充墙砌体一般尺寸允许偏差

项次	项目		允许偏差（mm）	检验方法
1	轴线位移		10	用尺检查
	垂直度	小于或等于3m	5	用2m托线板或吊线、尺检查
		大于3m	10	
2	表面平整度		8	用2m靠尺和楔形塞尺检查
3	门窗洞口高、宽（后塞口）		±5	用尺检查
4	外墙上、下窗口偏移		20	用经纬仪或吊线检查

9.3.2　蒸压加气混凝土砌块砌体和轻骨料混凝土小型空心砌块砌体不应与其他块材混砌。

抽检数量：在检验批中抽检20%，且不应少于5处。

检验方法：外观检查。

9.3.3　填充墙砌体的砂浆饱满度及检验方法应符合表9.3.3的规定。

抽检数量：每步架子不少于3处，且每处不应少于3块。

表9.3.3　填充墙砌体的砂浆饱满度及检验方法

砌体分类	灰缝	饱满度及要求	检验方法
空心砖砌体	水平	≥80%	采用百格网检查块材底面砂浆的粘结痕迹面积
	垂直	填满砂浆，不得有透明缝、瞎缝、假缝	
加气混凝土砌块和轻骨料混凝土小砌块砌体	水平	≥80%	
	垂直	≥80%	

9.3.4　填充墙砌体留置的拉结钢筋或网片的位置应与块体皮数

相符合。拉结钢筋或网片应置于灰缝中，埋置长度应符合设计要求，竖向位置偏差不应超过一皮高度。

抽检数量：在检验批中抽检20%，且不应少于5处。

检验方法：观察和用尺量检查。

9.3.5 填充墙砌筑时应错缝搭砌，蒸压加气混凝土砌块搭砌长度不应小于砌块长度的1/3；轻骨料混凝土小型空心砌块搭砌长度不应小于90mm；竖向通缝不应大于2皮。

抽检数量：在检验批的标准间中抽查10%，且不应少于3间。

检查方法：观察和用尺检查。

9.3.6 填充墙砌体的灰缝厚度和宽度应正确。空心砖、轻骨料混凝土小型空心砌块的砌体灰缝应为8～12mm。蒸压加气混凝土砌块砌体的水平灰缝厚度及竖向灰缝宽度分别宜为15mm和20mm。

抽检数量：在检验批的标准间中抽查10%，且不应少于3间。

检查方法：用尺量5皮空心砖或小砌块的高度和2m砌体长度折算。

9.3.7 填充墙砌至接近梁、板底时，应留一定空隙，待填充墙砌筑完并应至少间隔7d后，再将其补砌挤紧。

抽检数量：每验收批抽10%填充墙片（每两柱间的填充墙为一墙片），且不应少于3片墙。

检验方法：观察检查。

10 冬 期 施 工

10.0.1 当室外日平均气温连续5d稳定低于5℃时，砌体工程应采取冬期施工措施。

注：1. 气温根据当地气象资料确定。

2. 冬期施工期限以外，当日最低气温低于0℃时，也应按本章的规定执行。

10.0.2 冬期施工的砌体工程质量验收除应符合本章要求外，尚应符合本规范前面各章的要求及国家现行标准《建筑工程冬期施工规程》JGJ104的规定。

10.0.3 砌体工程冬期施工应有完整的冬期施工方案。

10.0.4 冬期施工所用材料应符合下列规定：

1 石灰膏、电石膏等应防止受冻，如遭冻结，应经融化后使用；

2 拌制砂浆用砂，不得含有冰块和大于10mm的冻结块；

3 砌体用砖或其他块材不得遭水浸冻。

10.0.5 冬期施工砂浆试块的留置，除应按常温规定要求外，尚应增留不少于1组与砌体同条件养护的试块，测试检验28d强度。

10.0.6 基土无冻胀性时，基础可在冻结的地基上砌筑；基土有冻胀性时，应在未冻的地基上砌筑。在施工期间和回填土前，均应防止地基遭受冻结。

10.0.7 普通砖、多孔砖和空心砖在气温高于0℃条件下砌筑时，应浇水湿润。在气温低于、等于0℃条件下砌筑时，可不浇水，但必须增大砂浆稠度。抗震设防烈度为9度的建筑物，普通砖、多孔砖和空心砖无法浇水湿润时，如无特殊措施，不得砌筑。

10.0.8 拌合砂浆宜采用两步投料法。水的温度不得超过 80℃；砂的温度不得超过 40℃。

10.0.9 砂浆使用温度应符合下列规定。

1 采用掺外加剂法时，不应低于 +5℃；

2 采用氯盐砂浆法时，不应低于 +5℃；

3 采用暖棚法时，不应低于 +5℃；

4 采用冻结法当室外空气温度分别为 0℃ ~ -10℃、-11℃ ~ -25℃、-25℃以下时，砂浆使用最低温度分别为 10℃、15℃、20℃。

10.0.10 采用暖棚法施工，块材在砌筑时的温度不应低于 +5℃，距离所砌的结构底面 0.5m 处的棚内温度也不应低于 +5℃。

10.0.11 在暖棚内的砌体养护时间，应根据暖棚内温度，按表 10.0.11 确定。

表 10.0.11　暖棚法砌体的养护时间（d）

暖棚的温度（℃）	5	10	15	20
养护时间（d）	≥6	≥5	≥4	≥3

10.0.12 在冻结法施工的解冻期间，应经常对砌体进行观测和检查，如发现裂缝、不均匀下沉等情况，应立即采取加固措施。

10.0.13 当采用掺盐砂浆法施工时，宜将砂浆强度等级按常温施工的强度等级提高一级。

10.0.14 配筋砌体不得采用掺盐砂浆法施工。

11 子分部工程验收

11.0.1 砌体工程验收前，应提供下列文件和记录：

1 施工执行的技术标准；

2 原材料的合格证书、产品性能检测报告；

3 混凝土及砂浆配合比通知单；

4 混凝土及砂浆试件抗压强度试验报告单；

5 施工记录；

6 各检验批的主控项目、一般项目验收记录；

7 施工质量控制资料；

8 重大技术问题的处理或修改设计的技术文件；

9 其他必须提供的资料。

11.0.2 砌体子分部工程验收时，应对砌体工程的观感质量作出总体评价。

11.0.3 当砌体工程质量不符合要求时，应按现行国家标准《建筑工程施工质量统一验收标准》GB50300 规定执行。

11.0.4 对有裂缝的砌体应按下列情况进行验收：

1 对有可能影响结构安全性的砌体裂缝，应由有资质的检测单位检测鉴定，需返修或加固处理的，待返修或加固满足使用要求后进行二次验收；

2 对不影响结构安全性的砌体裂缝，应予以验收，对明显影响使用功能和观感质量的裂缝，应进行处理。

附录A 砌体工程检验批质量验收记录

A.0.1 为统一砌体工程检验批质量验收记录用表，特列出表A.0.1－1～表A.0.1－5，以供质量验收采用。

A.0.2 对配筋砌体工程检验批质量验收记录，除应采用表A.0.1－4外，尚应配合采用表A.0.1－1或表A.0.1－2。

表 A.0.1-1　　砖砌体工程检验批质量验收记录

工程名称		分项工程名称		验收部位	
施工单位				项目经理	
施工执行标准名称及编号				专业工长	
分包单位				施工班组组长	

	质量验收规范的规定		施工单位检查评定记录	监理（建设）单位验收记录
主控项目	1. 砖强度等级	设计要求 MU		
	2. 砂浆强度等级	设计要求 M		
	3. 斜槎留置	5.2.3 条		
	4. 直槎拉结钢筋及接槎处理	5.2.4 条		
	5. 砂浆饱满度	≥80%		
	6. 轴线位移	≤10mm		
	7. 垂直度（每层）	≤5mm		
一般项目	1. 组砌方法	5.3.1 条		
	2. 水平灰缝厚度	5.3.2 条		
	3. 顶（楼）面标高	±15mm 以内		
	4. 表面平整度	清水 5mm 混水 8mm		
	5. 门窗洞口	±5mm 以内		
	6. 窗口偏移	20mm		
	7. 水平灰缝平直度	清水 7mm 混水 10mm		
	8. 清水墙游丁走缝	20mm		
施工单位检查评定结果	项目专业质量检查员：项目专业质量（技术）负责人： 年　月　日			
监理（建设）单位验收结论	监理工程师（建设单位项目技术负责人）：　年　月　日			

注：本表由施工项目专业质量检查员填写，监理工程师（建设单位项目技术负责人）组织项目专业质量（技术）负责人等进行验收。

表 A.0.1－2　混凝土小型空心砌块砌体工程检验批质量验收记录

<table>
<tr><td colspan="2">工程名称</td><td></td><td>分项工程名称</td><td></td><td>验收部位</td><td></td></tr>
<tr><td colspan="2">施工单位</td><td colspan="3"></td><td>项目经理</td><td></td></tr>
<tr><td colspan="2">施工执行标准名称及编号</td><td colspan="3"></td><td>专业工长</td><td></td></tr>
<tr><td colspan="2">分包单位</td><td colspan="3"></td><td>施工班组组长</td><td></td></tr>
<tr><td rowspan="11">主控项目</td><td colspan="2">质量验收规范的规定</td><td colspan="2">施工单位检查评定记录</td><td colspan="2">监理(建设)单位验收记录</td></tr>
<tr><td>1. 小砌块强度等级</td><td>设计要求 MU</td><td colspan="2"></td><td colspan="2"></td></tr>
<tr><td>2. 砂浆强度等级</td><td>设计要求 M</td><td colspan="2"></td><td colspan="2"></td></tr>
<tr><td>3. 砌筑留槎</td><td>6.2.3 条</td><td colspan="2"></td><td colspan="2"></td></tr>
<tr><td>4.</td><td></td><td colspan="2"></td><td colspan="2"></td></tr>
<tr><td>5.</td><td></td><td colspan="2"></td><td colspan="2"></td></tr>
<tr><td>6.</td><td></td><td colspan="2"></td><td colspan="2"></td></tr>
<tr><td>7. 水平灰缝饱满度</td><td>≥90%</td><td colspan="2"></td><td colspan="2"></td></tr>
<tr><td>8. 竖向灰缝饱满度</td><td>≥80%</td><td colspan="2"></td><td colspan="2"></td></tr>
<tr><td>9. 轴线位移</td><td>≤10mm</td><td colspan="2"></td><td colspan="2"></td></tr>
<tr><td>10. 垂直度(每层)</td><td>≤5mm</td><td colspan="2"></td><td colspan="2"></td></tr>
<tr><td rowspan="6">一般项目</td><td>1. 灰缝厚度宽度</td><td>8～12mm</td><td colspan="2"></td><td colspan="2"></td></tr>
<tr><td>2. 顶面标高</td><td>±15mm</td><td colspan="2"></td><td colspan="2"></td></tr>
<tr><td>3. 表面平整度</td><td>清水 5mm
混水 8mm</td><td colspan="2"></td><td colspan="2"></td></tr>
<tr><td>4. 门窗洞口</td><td>±5mm 以内</td><td colspan="2"></td><td colspan="2"></td></tr>
<tr><td>5. 窗口偏移</td><td>20mm 以内</td><td colspan="2"></td><td colspan="2"></td></tr>
<tr><td>6. 水平灰缝平直度</td><td>清水 7mm
混水 10mm</td><td colspan="2"></td><td colspan="2"></td></tr>
<tr><td colspan="2">施工单位检查评定结果</td><td colspan="5">项目专业质量检查员：项目专业质量(技术)负责人：
年　月　日</td></tr>
<tr><td colspan="2">监理(建设)单位验收结论</td><td colspan="5">监理工程师(建设单位项目技术负责人)：　年　月　日</td></tr>
</table>

注：本表由施工项目专业质量检查员填写，监理工程师（建设单位项目技术负责人）组织项目专业质量（技术）负责人等进行验收。

表 A.0.1－3　　石砌体工程检验批质量验收记录

工程名称		分项工程名称	验收部位	
施工单位			项目经理	
施工执行标准名称及编号			专业工长	
分包单位			施工班组组长	
	质量验收规范的规定		施工单位检查评定记录	监理(建设)单位验收记录
主控项目	1. 石材强度等级	设计要求 MU		
主控项目	2. 砂浆强度等级	设计要求 M		
主控项目	3.			
主控项目	4.			
主控项目	5.			
主控项目	6.			
主控项目	7. 砂浆饱满度	≥80%		
主控项目	8. 轴线位移	7.2.3 条		
主控项目	9. 垂直度(每层)	7.2.3 条		
一般项目	1. 顶面标高	7.3.1 条		
一般项目	2. 砌体厚度	7.3.1 条		
一般项目	3. 表面平整度	7.3.1 条		
一般项目	4. 灰缝平直度	7.3.1 条		
一般项目	5. 组砌形式	7.3.2 条		
施工单位检查评定结果	项目专业质量检查员:项目专业质量(技术)负责人: 年　月　日			
监理(建设)单位验收结论	监理工程师(建设单位项目技术负责人):　　年　月　日			

注：本表由施工项目专业质量检查员填写，监理工程师（建设单位项目技术负责人）组织项目专业质量（技术）负责人等进行验收。

表 A.0.1-4　　配筋砌体工程检验批质量验收记录

工程名称		分项工程名称		验收部位	
施工单位				项目经理	
施工执行标准名称及编号				专业工长	
分包单位				施工班组组长	
	质量验收规范的规定		施工单位检查评定记录	监理(建设)单位验收记录	
主控项目	1. 钢筋品种规格数量				
	2. 混凝土强度等级	设计要求 C			
	3. 马牙槎拉结筋	8.2.3 条			
	4. 芯柱	贯通截面不削弱			
	5.				
	6.				
	7. 柱中心线位置	≤10mm			
	8. 柱层间错	≤8mm			
	9. 柱垂直度	每层≤10mm			
		全高(≤10m)≤15mm			
		全高(>10m)≤20mm			
一般项目	1. 水平灰缝钢筋	8.3.1 条			
	2. 钢筋防锈	8.3.2 条			
	3. 网状配筋及位置	8.3.3 条			
	4. 组合砌体拉结筋	8.3.4 条			
	5. 砌块砌体钢筋搭接	8.3.5 条			
施工单位检查评定结果	项目专业质量检查员:项目专业质量(技术)负责人: 年　月　日				
监理(建设)单位验收结论	监理工程师(建设单位项目技术负责人):　　年　月　日				

注:本表由施工项目专业质量检查员填写,监理工程师(建设单位项目技术负责人)组织项目专业质量(技术)负责人等进行验收。

表 A.0.1－5　　填充墙砌体工程检验批质量验收记录

<table>
<tr><td colspan="2">工程名称</td><td></td><td colspan="4">分项工程名称</td><td colspan="6"></td><td>验收部位</td><td></td></tr>
<tr><td colspan="2">施工单位</td><td colspan="11"></td><td>项目经理</td><td></td></tr>
<tr><td colspan="2">施工执行标准名称及编号</td><td colspan="11"></td><td>专业工长</td><td></td></tr>
<tr><td colspan="2">分包单位</td><td colspan="11"></td><td>施工班组组长</td><td></td></tr>
<tr><td rowspan="3">主控项目</td><td colspan="2">质量验收规范的规定</td><td colspan="10">施工单位检查评定记录</td><td colspan="2">监理(建设)单位验收记录</td></tr>
<tr><td>1. 块材强度等级</td><td>设计要求 MU</td><td colspan="10"></td><td colspan="2"></td></tr>
<tr><td>2. 砂浆强度等级</td><td>设计要求 M</td><td colspan="10"></td><td colspan="2"></td></tr>
<tr><td rowspan="11">一般项目</td><td>1. 轴线位移</td><td>≤10mm</td><td></td><td></td><td></td><td></td><td></td><td></td><td></td><td></td><td></td><td></td><td colspan="2"></td></tr>
<tr><td>2. 垂直度(每层)</td><td>≤5mm</td><td></td><td></td><td></td><td></td><td></td><td></td><td></td><td></td><td></td><td></td><td colspan="2"></td></tr>
<tr><td>3. 砂浆饱满度</td><td>≥80%</td><td></td><td></td><td></td><td></td><td></td><td></td><td></td><td></td><td></td><td></td><td colspan="2"></td></tr>
<tr><td>4. 表面平整度</td><td>≤8mm</td><td></td><td></td><td></td><td></td><td></td><td></td><td></td><td></td><td></td><td></td><td colspan="2"></td></tr>
<tr><td>5. 门窗洞口</td><td>±5mm</td><td></td><td></td><td></td><td></td><td></td><td></td><td></td><td></td><td></td><td></td><td colspan="2"></td></tr>
<tr><td>6. 窗口偏移</td><td>20mm</td><td></td><td></td><td></td><td></td><td></td><td></td><td></td><td></td><td></td><td></td><td colspan="2"></td></tr>
<tr><td>7. 无混砌现象</td><td>9.3.2 条</td><td></td><td></td><td></td><td></td><td></td><td></td><td></td><td></td><td></td><td></td><td colspan="2"></td></tr>
<tr><td>8. 拉结钢筋</td><td>9.3.4 条</td><td></td><td></td><td></td><td></td><td></td><td></td><td></td><td></td><td></td><td></td><td colspan="2"></td></tr>
<tr><td>9. 搭砌长度</td><td>9.3.5 条</td><td></td><td></td><td></td><td></td><td></td><td></td><td></td><td></td><td></td><td></td><td colspan="2"></td></tr>
<tr><td>10. 灰缝厚度、宽度</td><td>9.3.6 条</td><td></td><td></td><td></td><td></td><td></td><td></td><td></td><td></td><td></td><td></td><td colspan="2"></td></tr>
<tr><td>11. 梁底砌法</td><td>9.3.7 条</td><td></td><td></td><td></td><td></td><td></td><td></td><td></td><td></td><td></td><td></td><td colspan="2"></td></tr>
<tr><td colspan="2">施工单位检查评定结果</td><td colspan="13">项目专业质量检查员：项目专业质量(技术)负责人：
年　月　日</td></tr>
<tr><td colspan="2">监理(建设)单位验收结论</td><td colspan="13">监理工程师(建设单位项目技术负责人)：　　年　月　日</td></tr>
</table>

注：本表由施工项目专业质量检查员填写，监理工程师（建设单位项目技术负责人）组织项目专业质量（技术）负责人等进行验收。

附录B　本规范用词说明

B.0.1 为便于在执行本规范条文时区别对待，对要求严格程度不同的用词说明如下：

1 表示很严格，非这样做不可的用词：

正面词采用“必须”，反面词采用“严禁”。

2 表示严格，在正常情况下均应这样做的用词：

正面词采用“应”，反面词采用“不应”或“不得”。

3 表示允许稍有选择，在条件许可时，首先应这样做的用词：

正面词采用“宜”或“可”，反面词采用“不宜”。

B.0.2 条文中指明必须按其他有关标准、规范执行时，采用“应按……执行”或“应符合……要求或者规定”。

中华人民共和国行业标准

二、砌筑砂浆配合比设计规程

Specification for mix proportion design
of masonry mortar

JGJ 98—2000

主编部门：陕西省建筑科学研究设计院
批准部门：中华人民共和国建设部
施行日期：2 0 0 2 年 4 月 1 日

关于发布行业标准《砌筑砂浆配合比设计规程》的通知

建标［2000］303号

根据建设部《关于印发“1999年工程建设城建、建工行业标准制订、修订计划”的通知》（建标［1999］309号）的要求，由陕西省建筑科学研究设计院主编的《砌筑砂浆配合比设计规程》，经审查，批准为行业标准，编号JGJ98—2000，自2001年4月1日起施行。原行业标准《砌筑砂浆配合比设计规程》JGJ/T98—96同时废止。

本标准由建设部建筑工程标准技术归口单位中国建筑科学研究院负责管理，陕西省建筑科学研究设计院负责具体解释，建设部标准定额研究所组织中国建筑工业出版社出版。

中华人民共和国建设部

2000年12月28日

前　言

根据建设部建标［1999］309号文的要求，规程编制组通过广泛调查研究，认真总结实践经验，并在广泛征求意见的基础上，修订了本规程。

本规程主要技术内容是：1 总则；2 术语、符号；3 材料要求；4 技术条件；5 砌筑砂浆配合比计算与确定。

修订的主要技术内容是：1. 解决原规程中存在的水泥砂浆计算出的水泥用量偏少问题；2. 增补外加剂在砌筑砂浆中的控制办法。

本规程由建设部建筑工程标准技术归口单位中国建筑科学研究院归口管理，授权由主编单位负责具体解释。

本规程主编单位是：陕西省建筑科学研究设计院（地址：西安市环城西路北段272号 邮政编码：710082）

本规程参加单位是：福建省建筑科学研究院
山东省建筑科学研究院
宝鸡市第一建筑工程公司
浙江嘉善县建筑工程质量监督站
济南四建集团有限公司

本规程主要起草人是：李荣、张招、何希铨、刘延宁、耿家义、黄熙春、金裕民、袁惠星、陆锦法

目　次

1 总 则

1.0.1 为统一砌筑砂浆的技术条件和配合比设计方法，做到经济合理，确保砌筑砂浆质量，制定本规程。

1.0.2 本规程适用于工业与民用建筑及一般构筑物中所采用的砌筑砂浆的配合比设计。

1.0.3 砂浆配合比设计，应根据原材料的性能和砂浆的技术要求及施工水平进行计算并经试配后确定。

1.0.4 按本规程进行配合比设计时，除遵守本规程的规定外，尚应符合国家现行有关强制性标准的规定。

2 术语、符号

2.1 术　　语

2.1.1 砂浆 mortar

由胶结料、细集料、掺加料和水配制而成的建筑工程材料，在建筑工程中起粘结、衬垫和传递应力的作用。

2.1.2 砌筑砂浆 masonry mortar

将砖、石、砌块等粘结成为砌体的砂浆。

2.1.3 水泥砂浆 cement mortar

由水泥、细集料和水配制成的砂浆。

2.1.4 水泥混合砂浆 composite mortar

由水泥、细集料、掺加料和水配制成的砂浆。

2.1.5 掺加料 materials mixed in mortar

为改善砂浆和易性而加入的无机材料，例如：石灰膏、电石膏、粉煤灰、粘土膏等。

2.1.6 电石膏 calcium carbide sludge

电石消解后，经过滤后的产物。

2.1.7 外加剂 admixtures

在拌制砂浆过程中掺入，用以改善砂浆性能的物质。

2.2 符　　号

f_2——砂浆抗压强度平均值。

$f_{m,0}$——砂浆的试配强度。

σ——砂浆现场强度标准差。

$f_{ce,k}$——水泥强度等级对应的强度值。

f_{ce}——水泥的实测强度。

3 材料要求

3.0.1 砌筑砂浆用水泥的强度等级应根据设计要求进行选择。水泥砂浆采用的水泥，其强度等级不宜大于32.5级；水泥混合砂浆采用的水泥，其强度等级不宜大于42.5级。

3.0.2 砌筑砂浆用砂宜选用中砂，其中毛石砌体宜选用粗砂。砂的含泥量不应超过5%。强度等级为M2.5的水泥混合砂浆，砂的含泥量不应超过10%。

3.0.3 掺加料应符合下列规定：

1 生石灰熟化成石灰膏时，应用孔径不大于3mm×3mm的网过滤，熟化时间不得少于7d；磨细生石灰粉的熟化时间不得小于Zd。沉淀池中贮存的石灰膏，应采取防止干燥、冻结和污染的措施。严禁使用脱水硬化的石灰膏。

2 采用粘土或亚粘土制备粘土膏时，宜用搅拌机加水搅拌，通过孔径不大于3mm×3mm的网过筛。用比色法鉴定粘土中的有机物含量时应浅于标准色。

3 制作电石膏的电石渣应用孔径不大于3mm×3mm的网过滤，检验时应加热至70℃并保持20min，没有乙炔气味后，方可使用。

4 消石灰粉不得直接用于砌筑砂浆中。

3.0.4 石灰膏、粘土膏和电石膏试配时的稠度，应为120±5mm。

3.0.5 粉煤灰的品质指标和磨细生石灰的品质指标应符合国家标准《用于水泥和混凝土中的粉煤灰》GB1596—91及行业标准《建筑生石灰粉》JC/T480—92的要求。

3.0.6 配制砂浆用水应符合现行行业标准《混凝土拌合用水标准》JGJ63的规定。

3.0.7 砌筑砂浆中掺人的砂浆外加剂，应具有法定检测机构出具的该产品砌体强度型式检验报告，并经砂浆性能试验合格后，方可使用。

4 技术条件

4.0.1 砌筑砂浆的强度等级宜采用M20，M15，M10，M7.5，M5，M2.5。

4.0.2 水泥砂浆拌合物的密度不宜小于1900kg/m^3；水泥混合砂浆拌合物的密度不宜小于1800kg/m^3。

4.0.3 砌筑砂浆稠度、分层度、试配抗压强度必须同时符合要求。

4.0.4 砌筑砂浆的稠度应按表4.0.4的规定选用。

表4.0.4 砌筑砂浆的稠度

砌体种类	砂浆稠度（mm）
烧结普通砖砌体	70～90
轻骨料混凝土小型空心砌块砌体	60～90
烧结多孔砖，空心砖砌体	60～80
烧结普通砖平拱式过梁 空斗墙，筒拱 普通混凝土小型空心砌块砌体 加气混凝土砌块砌体	50～70
石砌体	30～50

4.0.5 砌筑砂浆的分层度不得大于30mm。

4.0.6 水泥砂浆中水泥用量不应小于200kg/m^3；水泥混合砂浆中水泥和掺加料总量宜为300～350kg/m^3。

4.0.7 具有冻融循环次数要求的砌筑砂浆，经冻融试验后，质量损失率不得大于5%，抗压强度损失率不得大于25%。

4.0.8 砂浆试配时应采用机械搅拌。搅拌时间，应自投料结束算起，并应符合下列规定：

1 对水泥砂浆和水泥混合砂浆，不得小于120s；

2 对掺用粉煤灰和外加剂的砂浆，不得小于180s。

5　砌筑砂浆配合比计算与确定

5.1　水泥混合砂浆配合比计算

5.1.1　砂浆配合比的确定，应按下列步骤进行：

1　计算砂浆试配强度 $f_{m,0}$（MPa）；

2　按本规程公式（5.1.4-1）计算出每立方米砂浆中的水泥用量 Q_c（kg）；

3　按水泥用量 Q_c 计算每立方米砂浆掺加料用量 Q_D（kg）；

4　确定每立方米砂浆砂用量 Q_s（kg）；

5　按砂浆稠度选用每立方米砂浆用水量 Q_w（kg）；

6　进行砂浆试配；

7　配合比确定。

5.1.2　砂浆的试配强度应按下式计算：

$$f_{m,0}=f_2+0.645\sigma \tag{5.1.2}$$

式中　$f_{m,0}$——砂浆的试配强度，精确至 0.1MPa；

f_2——砂浆抗压强度平均值，精确至 0.1MPa；

σ——砂浆现场强度标准差，精确至 0.01MPa。

5.1.3　砌筑砂浆现场强度标准差的确定应符合下列规定：

1　当有统计资料时，应按下式计算：

$$\sigma=\sqrt{\frac{\sum_{i=1}^{n}f_{m,i}^2-n\mu_{f_m}^2}{n-1}} \tag{5.1.3}$$

式中　$f_{m,i}$——统计周期内同一品种砂浆第 i 组试件的强度，MPa；

μ_{f_m}——统计周期内同一品种砂浆 n 组试件强度的平均值，MPa；

n——统计周期内同一品种砂浆试件的总组数，$n\geqslant 25$。

2 当不具有近期统计资料时，砂浆现场强度标准差 σ 可按表5.1.3取用。

表 5.1.3　　砂浆强度标准差 σ 选用值（MPa）

施工水平 \ 砂浆强度等级	M2.5	M5	M7.5	M10	M15	M20
优　良	0.50	1.00	1.50	2.00	3.00	4.00
一　般	0.62	1.25	1.88	2.50	3.75	5.00
较　差	0.75	1.50	2.25	3.00	4.50	6.00

5.1.4 水泥用量的计算应符合下列规定：

1 每立方米砂浆中的水泥用量，应按下式计算：

$$Q_c = \frac{1000\ (f_{m,0} - \beta)}{\alpha \cdot f_{ce}} \qquad (5.1.4-1)$$

式中 Q_c——每立方米砂浆的水泥用量，精确至1kg；

$f_{m,0}$——砂浆的试配强度，精确至0.1MPa；

f_{ce}——水泥的实测强度，精确至0.1MPa；

α、β——砂浆的特征系数，其中 $\alpha = 3.03$，$\beta = -15.09$。

注：各地区也可用本地区试验资料确定α、β值，统计用的试验组数不得少于30组。

2 在无法取得水泥的实测强度值时，可按下式计算 f_{ce}：

$$f_{ce} = \gamma_c \cdot f_{ce,k} \qquad (5.1.4-2)$$

式中 $f_{ce,k}$——水泥强度等级对应的强度值；

γ_c——水泥强度等级值的富余系数，该值应按实际统计资料确定。无统计资料时 γ_c 可取1.0。

5.1.5 水泥混合砂浆的掺加料用量应按下式计算：

$$Q_D = Q_A - Q_c \qquad (5.1.5)$$

式中 Q_D——每立方米砂浆的掺加料用量，精确至1kg；石灰膏、粘土膏使用时的稠度为120mm±5mm；

Q_c——每立方米砂浆的水泥用量，精确至1kg；

Q_A——每立方米砂浆中水泥和掺加料的总量，精确至1kg；宜在300～350kg之间。

5.1.6 每立方米砂浆中的砂子用量，应按干燥状态（含水率小于0.5%）的堆积密度值作为计算值（kg）。

5.1.7 每立方米砂浆中的用水量，根据砂浆稠度等要求可选用240～310kg。

注：1. 混合砂浆中的用水量，不包括石灰膏或粘土膏中的水；
2. 当采用细砂或粗砂时，用水量分别取上限或下限；
3. 稠度小于70mm时，用水量可小于下限；
4. 施工现场气候炎热或干燥季节，可酌量增加用水量。

5.2 水泥砂浆配合比选用

5.2.1 水泥砂浆材料用量可按表5.2.1选用

表5.2.1 **每立方米水泥砂浆材料用量**

<table>
<tr><th>强度等级</th><th>每立方米砂浆水泥用量（kg）</th><th>每立方米砂子用量（kg）</th><th>每立方米砂浆用水量（kg）</th></tr>
<tr><td>M2.5～M5</td><td>200～230</td><td rowspan="4">1m³砂子的堆积密度值</td><td rowspan="4">270～330</td></tr>
<tr><td>M7.5～M10</td><td>220～280</td></tr>
<tr><td>M15</td><td>280～340</td></tr>
<tr><td>M20</td><td>340～400</td></tr>
</table>

注：1. 此表水泥强度等级为32.5级，大于32.5级水泥用量宜取下限；
2. 根据施工水平合理选择水泥用量；
3. 当采用细砂或粗砂时，用水量分别取上限或下限；
4. 稠度小于70mm时，用水量可小于下限；
5. 施工现场气候炎热或干燥季节，可酌量增加用水量；
6. 试配强度应按本规程5.1.2条计算。

5.3 配合比试配、调整与确定

5.3.1 试配时应采用工程中实际使用的材料；搅拌要求应符合本规程4.0.8条的规定。

5.3.2 按计算或查表所得配合比进行试拌时，应测定其拌合物的稠度和分层度，当不能满足要求时，应调整材料用量，直到符合要求为止。然后确定为试配时的砂浆基准配合比。

5.3.3 试配时至少应采用三个不同的配合比，其中一个为按本规程 5.3.2 条的规定得出的基准配合比，其他配合比的水泥用量应按基准配合比分别增加及减少 10%。在保证稠度、分层度合格的条件下，可将用水量或掺加料用量作相应调整。

5.3.4 对三个不同的配合比进行调整后，应按现行行业标准《建筑砂浆基本性能试验方法》JGJ70 的规定成型试件，测定砂浆强度；并选定符合试配强度要求的且水泥用量最低的配合比作为砂浆配合比。

中华人民共和国行业标准

三、建筑砂浆基本性能试验方法

JGJ 70—90

主编部门：陕西省建筑科学研究设计院
批准部门：中华人民共和国建设部
施行日期：1 9 9 1 年 7 月 1 日

关于发布行业标准《建筑砂浆基本性能试验方法》的通知

（90）建标字第693号

各省、自治区、直辖市建委（建设厅），计划单列市建委，国务院有关部、委：

根据原城乡建设环境保护部（86）城科字第263号文的要求，由陕西省建筑科学研究设计院主编的《建筑砂浆基本性能试验方法》业经审查，现批准为行业标准，编号JGJ 70—90，自一九九一年七月一日起施行。

本标准由建设部建筑工程标准技术归口单位中国建筑科学研究院归口管理，其具体解释等工作由陕西省建筑科学研究设计院负责。

中华人民共和国建设部

一九九〇年十二月三十日

主要符号

ρ 砂浆拌合物质量密度（kg/m^3）；

A_p 贯入度试针截面面积（mm^2）；

N_p 贯入深度至 25mm 时的静压力（N）；

f_p 贯入阻力值（MPa）；

A 试件承压面积（mm^2）；

$f_{m,cu}$ 砂浆立方体抗压强度（MPa）；

N_u 破坏压力（N）；

f_{mc} 砂浆轴心抗压强度（MPa）；

E_m 砂浆静弹性模量（MPa）；

Δl 弹性模量试验时最后一次加荷的变形差（mm）；

Δf_m 砂浆试件冻融后强度损失率（%）；

Δm_m 砂浆试件冻融后质量损失率（%）；

ε_{st} 相应为 t 时的砂浆试作自然干燥收缩值。

目　次

第一章　总　则

第 1.0.1 条　为在确定建筑砂浆性能特征值、检验或控制现场拌制砂浆的质量时采用统一的试验方法，特制定本标准。

第 1.0.2 条　本标准适用于以水泥、砂、石灰和掺合料等为主要材料，用于房屋建筑及一般构筑物中砌筑、抹灰等用途的建筑砂浆的基本性能试验。

第 1.0.3 条　在按本标准进行砂浆性能试验时，除遵守本标准有关规定外，尚应符合现行有关标准的要求。

第二章　拌合物取样及试样制备

第 2.0.1 条　建筑砂浆试验用料应根据不同要求，可从同一盘搅拌机或同一车运送的砂浆中取出；在试验室取样时，可从机械或人工拌合的砂浆中取出。

第 2.0.2 条　施工中取样进行砂浆试验时，其取样方法和原则按相应的施工验收规范执行。应在使用地点的砂浆槽、砂浆运送车或搅拌机出料口，至少从三个不同部位集取。所取试样的数量应多于试验用料的 1～2 倍。

第 2.0.3 条　试验室拌制砂浆进行试验时，拌合用的材料要求提前运入室内，拌合时试验室的温度应保持在 20℃ ±5℃。

注：需要模拟施工条件下所用的砂浆时，试验室原材料的温度宜保持与施工现场一致。

第 2.0.4 条　试验用水泥和其它原材料应与现场使用材料一致。水泥如有结块应充分混合均匀，以 0.9mm 筛过筛。砂也应以 5mm 筛过筛。

第 2.0.5 条　试验室拌制砂浆时，材料应称重计量。称量的精确度：水泥、外加剂等为 ±0.5%；砂、石灰膏、粘土膏、粉煤灰和磨细生石灰粉为 ±1%。

第 2.0.6 条　试验室用搅拌机搅拌砂浆时，搅拌的用量不宜少于搅拌机容量的 20%，搅拌时间不宜少于 2min。

第 2.0.7 条　砂浆拌合物取样后，应尽快进行试验。现场取来的试样，在试验前应经人工再翻拌，以保证其质量均匀。

第三章　稠　度　试　验

第 3.0.1 条　本方法适用于确定配合比或施工过程中控制砂浆的稠度，以达到控制用水量为目的。

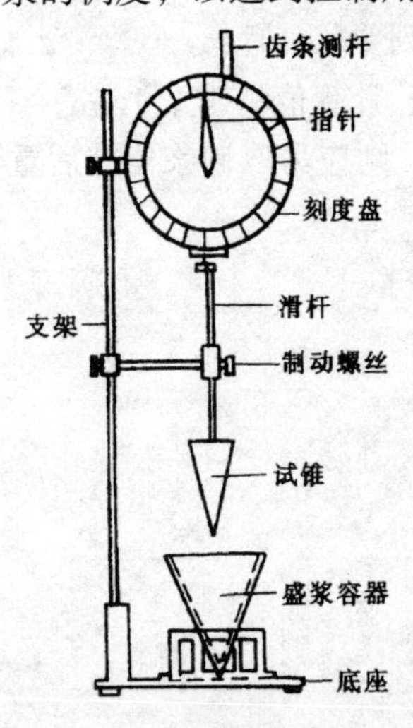

图 3.0.2　砂浆稠度测定仪

第 3.0.2 条　稠度试验所用仪器应符合下列规定：

一、砂浆稠度仪由试锥，容器和支座三部分组成见图 3.0.2。试锥由钢材或铜材制成，试锥高度为 145mm、锥底直径为 75mm、试锥连同滑杆的重量应为 300g；盛砂浆容器由钢板制成，筒高为 180mm，锥底内径为 150mm；支座分底座、支架及稠度显示三个部分，由铸铁、钢及其它金属制成；

二、钢制捣棒　直径 10mm、长 350mm、端部磨圆；

三、秒表等。

第 3.0.3 条　稠度试验应按下列步骤进行：

一、盛浆容器和试锥表面用湿布擦干净，并用少量润滑油轻擦滑杆，后将滑杆上多余的油用吸油纸擦净，使滑杆能自由滑动；

二、将砂浆拌合物一次装入容器，使砂浆表面低于容器口约 10mm 左右，用捣棒自容器中心向边缘插捣 25 次，然后轻轻地将容器摇动或敲击 5～6 下，使砂浆表面平整，随后将容器置于稠度测定仪的底座上；

三、拧开试锥滑杆的制动螺丝，向下移动滑杆，当试锥尖端与砂浆表面刚接触时，拧紧制动螺丝，使齿条侧杆下端刚接触滑杆上端，并将指针对准零点上；

四、拧开制动螺丝，同时计时间，待10s立即固定螺丝，将齿条测杆下端接触滑杆上端，从刻度盘上读出下沉深度（精确至1mm）即为砂浆的稠度值；

五、圆锥形容器内的砂浆，只允许测定一次稠度，重复测定时，应重新取样测定之。

第3.0.4条 稠度试验结果应按下列要求处理：

一、取两次试验结果的算术平均值，计算值精确至1mm；

二、两次试验值之差如大于20mm，则应另取砂浆搅拌后重新测定。

第四章　密　度　试　验

第 4.0.1 条　本方法用于测定砂浆拌合物捣实后的质量密度，以确定每立方米砂浆拌合物中各组成材料的实际用量。

第 4.0.2 条　质量密度试验所用仪器应符合下列规定：

一、容量筒　金属制成，内径 108mm，净高 109mm，筒壁厚 2mm，容积为 1L；

二、托盘天平　称量 5kg，感量 5g；

三、钢制捣棒　直径 10mm，长 350mm，端部磨圆；

四、砂浆稠度仪；

五、水泥胶砂振动台　振幅 0.85mm±0.05mm，频率 50Hz±3Hz；

六、秒表。

第 4.0.3 条　拌合物质量密度试验应按下列步骤进行：

一、首先将拌好的砂浆，按第三章稠度试验方法测定稠度，当砂浆稠度大于 50mm 时，应采用插捣法，当砂浆稠度不大于 50mm 时，宜采用振动法。

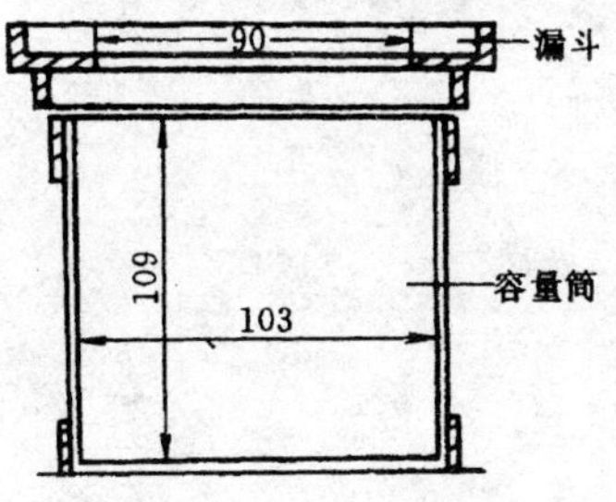

图 4.0.3　砂浆密度测定仪

二、试验前称出容量筒重，精确至 5g。然后将容量筒的漏斗套上，见图 4.0.3 将砂浆拌合物装满容量筒并略有富余。根据稠度选择试验方法。

采用插捣法时，将砂浆拌合物一次装满容量筒，使稍有富余，用捣棒均匀插捣 25 次，插捣过程中如砂浆沉落到低于筒口，则应随时添加砂浆，再敲击 5~6 下。

采用振动法时，将砂浆拌合物一次装满容量筒连同漏斗在振动台上振 10s，振动过程中如砂浆沉入到低于筒口，则应随时添加砂浆。

三、捣实或振动后将筒口多余的砂浆拌合物刮去，使表面平整，然后将容量筒外壁擦净，称出砂浆与容量筒总重，精确至5g。

第4.0.4条 砂浆拌合物的质量密度 ρ（以 kg/m^3 计）按下列公式计算：

$$\rho=\frac{m_2-m_1}{V}\times1000\ (kg/m^3) \tag{4.0.4}$$

式中 m_1——容量筒质量（kg）；

m_2——容量筒及试样质量（kg）；

V——容量筒容积（L）。

第4.0.5条 质量密度由二次试验结果的算术平均值确定，计算精确至 $10kg/m^3$。

注：容量筒容积的校正，可采用一块能覆盖住容量筒顶面的玻璃板，先称出玻璃板和容量筒重，然后向容量筒中灌入温度为20℃±5℃的饮用水，灌到接近上口时，一边不断加水，一边把玻璃板沿筒口徐徐推入盖严。应注意使玻璃板下不带入任何气泡。然后擦净玻璃板面及筒壁外的水分，将容量筒和水连同玻璃板称重（精确至5g）。后者与前者称量之差（以kg计）即为容量筒的容积（L）。

第五章　分层度试验

第5.0.1条　本方法适用于测定砂浆拌合物在运输及停放时内部组分的稳定性。

第5.0.2条　分层度试验所用仪器应符合下列规定：

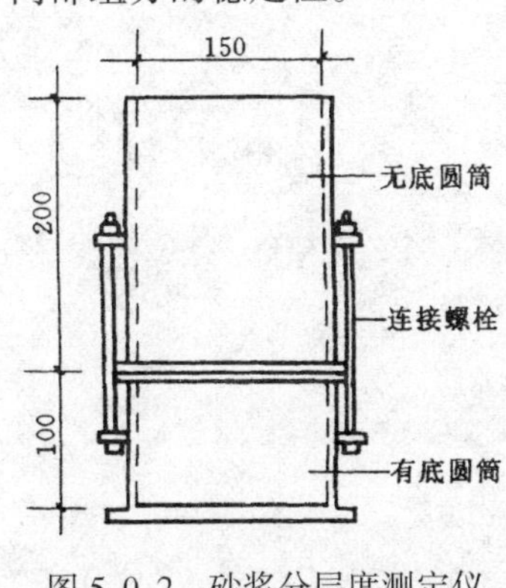

图5.0.2　砂浆分层度测定仪

一、砂浆分层度筒见图5.0.2内径为150mm，上节高度为200mm、下节带底净高为100mm，用金属板制成，上、下层连接处需加宽到3～5mm，并设有橡胶垫圈；

二、水泥胶砂振动台　振幅0.85mm±0.05mm，频率50Hz±3Hz；

三、稠度仪、木锤等。

第5.0.3条　分层度试验应按下列步骤进行：

一、首先将砂浆拌合物按第三章稠度试验方法测定稠度；

二、将砂浆拌合物一次装人分层度筒内，待装满后，用木锤在容器周围距离大致相等的四个不同地方轻轻敲击1～2下，如砂浆沉落到低于筒口，则应随时添加，然后刮去多余的砂浆并用抹刀抹平；

三、静置30min后，去掉上节200mm砂浆，剩余的100mm砂浆倒出放在拌合锅内拌2min，再按第三章稠度试验方法测其稠度。前后测得的调度之差即为该砂浆的分层度值（cm）。

注：也可采用快速法测定分层度，其步骤是：（一）按第三章稠度试验方法测定调度；（二）将分层度筒预先固定在振动台上，砂浆一次装入分层度筒内，振动20s；（三）然后去掉上节200mm砂浆，剩余100mm砂浆倒

出放在拌合锅内拌 2min，再按第三章稠度试验方法测其稠度，前后测得的调度之差即可认为是该砂浆的分层度值。但如有争议时，以标准法为准。

第 5.0.4 条 分层度试验结果应按下列要求处理：

一、取两次试验结果的算术平均值作为该砂浆的分层度值；

二、两次分层度试验值之差如大于 20mm，应重做试验。

第六章　凝结时间测定

第 6.0.1 条　本方法适用于测定砌筑砂浆和抹灰砂浆以贯入阻力表示的凝结时间。

第 6.0.2 条　凝结时间测定所用设备应符合下列规定：

一、砂浆凝结时间测定仪，由试针、容器、台秤和支座四部分组成见图 6.0.2。试针由不锈钢制成，截面积为 30mm²；盛砂浆容器由钢制成，内径为 140mm，高为 75mm；台秤的称量精度为 0.5N；支座分底座、支架及操作杆三部分，由铸铁或钢制成；

二、定时钟等。

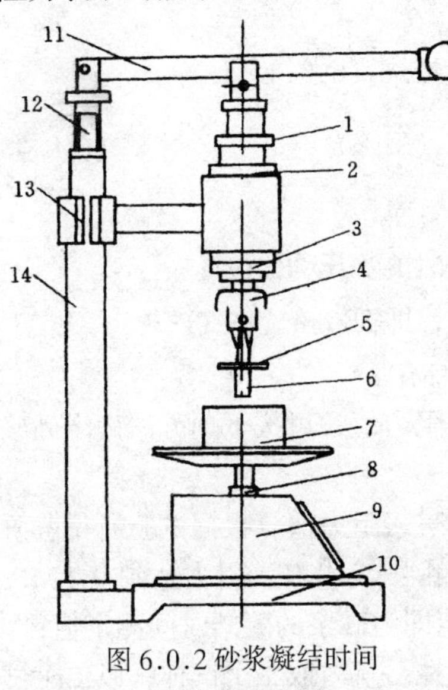

图 6.0.2 砂浆凝结时间测定仪示意图

1—调节套；2—调节螺母；3—调节螺母；4—夹头；5—垫片；6—试针；7—试模；8—调整螺母；9—压力表座；10—底座；11—操作杆；12—调节杆；13—立架；14—立柱

第 6.0.3 条　凝结时间试验应按下列步骤进行：

一、制备好的砂浆（控制砂浆稠度为 100mm ± 10mm），装入砂浆容器内，低于容器上口 10mm，轻轻敲击容器，并予抹平，将装有砂浆的容器放在 20℃ ± 2℃ 的室温条件下保存；

二、砂浆表面泌水不清除，测定贯入阻力值，用截面为 30mm² 的贯入试针与砂浆表面接触，在 10s 内缓慢而均匀地垂直压入砂浆内部25mm深，每次贯入时记录仪表读数 N_p，贯入杆至少离开容器边缘或任何早先贯入部位12mm；

三、在20℃±2℃条件下，实际的贯入阻力值在成型后2h开始测定（从搅拌加水时起算），然后每隔半小时测定一次，至贯入阻力达到0.3MPa后，改为每15min测定一次，直至贯入阻力达到0.7MPa为止。

注：施工现场凝结时间测定，其砂浆稠度、养护和测定的温度与现场相同。

第6.0.4条 砂浆贯入阻力按式（6.0.4）计算

$$f_p=\frac{N_p}{A_p}\ (\mathrm{MPa}) \tag{6.0.4}$$

式中 f_p——贯入阻力值（MPa）；

N_p——贯入深度至25mm时的静压力（N）；

A_p——贯入度试针截面积，即30mm²。

贯入阻力值计算精确至0.01MPa。

第6.0.5条 由测得的贯入阻力值，可按下列方法确定砂浆的凝结时间：

一、分别记录时间和相应的贯入阻力值，根据试验所得各阶段的贯入阻力与时间关系绘图，由图求出贯入阻力达到0.5MPa时所需的时间 t_s（min），此 t_s 值即为砂浆的凝结时间测定值；

二、砂浆凝结时间测定，应在一盘内取二个试样，以二个试验结果的平均值作为该砂浆的凝结时间值，二次试验结果的误差不应大于30min，否则应重新测定。

第七章　立方体抗压强度试验

第7.0.1条　本方法适用于测定砂浆立方体的抗压强度。

第7.0.2条　抗压强度试验所用设备应符合下列规定：

一、试模为70.7mm×70.7mm×70.7mm立方体，由铸铁或钢制成，应具有足够的刚度并拆装方便。试模的内表面应机械加工，其不平度应为每100mm不超过0.05mm。组装后各相邻面的不垂直度不应超过±0.5°；

二、捣棒：直径10mm，长350mm的钢棒，端都应磨圆；

三、压力试验机：采用精度（示值的相对误差）不大于±2%的试验机，其量程应能使试件的预期破坏荷载值不小于全量程的20%，也不大于全量程的80%；

四、垫板：试验机上、下压板及试件之间可垫以钢垫板，垫板的尺寸应大于试件的承压面，其不平度应为每100mm不超过0.02mm。

第7.0.3条　立方体抗压强度试件的制作及养护应按下列步骤进行：

一、制作砌筑砂浆试件时，将无底试模放在预先铺有吸水性较好的纸的普通粘土砖上（砖的吸水率不小于10%，含水率不大于2%），试模内壁事先涂刷薄层机油或脱模剂；

二、放于砖上的湿纸，应为湿的新闻纸（或其它未粘过胶凝材料的纸），纸的大小要以能盖过砖的四边为准，砖的使用面要求平整，凡砖四个垂直面粘过水泥或其它胶结材料后，不允许再使用；

三、向试模内一次注满砂浆，用捣棒均匀由外向里按螺旋方向插捣25次，为了防止低稠度砂浆插捣后，可能留下孔洞，允许用油灰刀沿模壁插数次，使砂浆高出试模顶面6～8mm；

四、当砂浆表面开始出现麻斑状态时（约15～30mm）将高出部分的砂浆沿试模项面削去抹平；

五、试件制作后应在20℃±5℃温度环境下停置一昼夜（24h±2h），当气温较低时，可适当延长时间，但不应超过两昼夜，然后对试件进行编号并拆模。试件拆模后，应在标准养护条件下，继续养护至28d，然后进行试压；

六、标准养护的条件是:(一)水泥混合砂浆应为温度20℃±3℃,相对湿度60～80%;(二)水泥砂浆和微沫砂浆应为温度20℃±3℃,相对湿度90%以上;(三)养护期间,试件彼此间隔不少于10mm。

注：当无标准养护条件时。可采用自然养护；（一）水泥混合砂浆应在正温度，相对湿度为60～80%的条件下（如养护箱中或不通风的室内）养护；（二）水泥砂浆和微沫砂浆应在正温度并保持试块表面湿润的状态下（如湿砂堆中）养护。（三）养护期间必须作好温度记录。在有争议时，以标准养护条件为准。

第7.0.4条 砂浆立方体抗压强度试验应按下列步骤进行：

一、试件从养护地点取出后，应尽快进行试验，以免试件内部的温湿度发生显著变化。试验前先将试件擦拭干净，测量尺寸，并检查其外观。试件尺寸测量精确至1mm，并据此计算试件的承压面积。如实测尺寸与公称尺寸之差不超过1mm，可按公称尺寸进行计算；

二、将试件安放在试验机的下压板上（或下垫板上），试件的承压面应与成型时的顶面垂直，试件中心应与试验机下压板（或下垫板）中心对准。开动试验机，当上压板与试件（或上垫板）接近时，调整球座，使接触面均衡受压。承压试验应连续而均匀地加荷，加荷速度应为每秒钟0.5～1.5kN（砂浆强度5MPa及5MPa以下时，取下限为宜，砂浆强度5MPa以上时，取上限为宜），当试件接近破坏而开始迅速变形时，停止调整试验机油门，直至试件破坏，然后记录破坏荷载。

第7.0.5条 砂浆立方体抗压强度应按下列公式计算：

$$f_{m,cu}=\frac{N_u}{A} \tag{7.0.5}$$

式中　$f_{m,cu}$——砂浆立方体抗压强度（MPa）；

N_u——立方体破坏压力（N）

A——试件承压面积（mm^2）。

砂浆立方体抗压强度计算应精确至0.1MPa。

以六个试件测值的算术平均值作为该组试件的抗压强度值，平均值计算精确至0.1MPa。

当六个试件的最大值或最小值与平均值的差超过20%时，以中间四个试件的平均值作为该组试件的抗压强度值。

第八章　静力受压弹性模量试验

第 8.0.1 条　本方法适用于测定各类砌筑砂浆静力受压时的弹性模量（简称弹性模量)。

本方法测定的砂浆弹性模量是指应力为轴心抗压强度 40%时的加荷割线模量。

第 8.0.2 条　砂浆弹性模量的标准试件为棱柱体。其截面尺寸为 70.7min×70.7mm，高为 210～230mm。每次试验应制备六个试件，其中三个用于测定轴心抗压强度。

第 8.0.3 条　砂浆静力受压弹性模量试验所用设备应符合下列规定：

一、试验机示值的相对误差应不大于±2%，其量程应能使试件的预期破坏荷载值不小于全量程的 20%，也不大于全量程的 80%；

二、变形测量仪表　精度不应低于 0.001mm。

注：使用镜式引伸仪时精度不应低于 0.002mm。

第 8.0.4 条　试件制作及养护应按本标准第 7.0.3 条进行。试模的不平度应为每 100mm 不超过 0.05mm，相邻面的不垂直度，不应超过±1°，底砖要求表面平整，色泽均匀。

第 8.0.5 条　砂浆弹性模量试验应按下列步骤进行：

一、试件从养护地点取出后，应及时进行试验。试验前先将试件擦拭干净，测量尺寸，并检查外观。

试件尺寸测量精确至 1mm，并据所计算试件的承压面积，如实测尺寸与公称尺寸之差不超过 1mm，可按公称尺寸计算。

二、取三个试件按以下步骤测定砂浆的轴心抗压强度：

1. 将试件直立放置于试验机的下压板上，试件中心与压力机下压板中心对准，开动试验机，当上压板与试件接近时，调整球座，使接触均衡。

轴心抗压试验应连续而均匀地加荷，其加荷速度应每秒钟0.5～1.5kN，当试件破坏而开始迅速变形时，应停止调整试验机油门，直至试验破坏，然后记录破坏荷载；

2. 按（8.0.5）式计算砂浆轴心抗压强度

$$f_{mc}=\frac{N_u'}{A} \tag{8.0.5}$$

式中 f_{mc}——砂浆轴心抗压强度（MPa）；

N_u'——棱柱体破坏压力（N）；

A——试件承压面积（mm^2）。

砂浆轴心抗压强度计算应精确至0.1MPa。

以上三个试件测值的算术平均值作为该组试件的轴心抗压强度值，三个试件测值中的最大值或最小值，如有一个与中间值的差值超过中间值的20%时，则把最大及最小值一并舍去，取中间值作为该组试件的轴心抗压强度值。如有两个测值与中间值的差值超过20%，则该组试件的试验结果无效。

三、将测量变形的仪表安装在供弹性模量测定的试件上，仪表应安装在试件成型时两侧面的中线上，并对称于试件两端。试件的测量标距采用100mm。

四、测量仪表安装完毕后，应仔细调整试件在试验机上的位置。砂浆弹性模量试验要求物理对中（对中的方法是将荷载加压至轴心抗压强度的35%，两侧仪表变形值之差，不得超过两侧变形平均值的±10%）。试件对中合格后，再按每秒钟0.5～1.5kN的加荷速度连续而均匀地加荷至轴心抗压强度的40%，即达到弹性模量试验的控制荷载值，然后以同样的速度卸荷至零，如此反复预压三次见图8.0.5。

在预压过程中，应观察试验机及仪表运转是否正常，如不正常，应予以调整。

五、预压三次后，用上述同样速度进行第四次加荷。其方法是先加荷到应力为0.3MPa的初始荷载，恒荷30s后，读取并记录

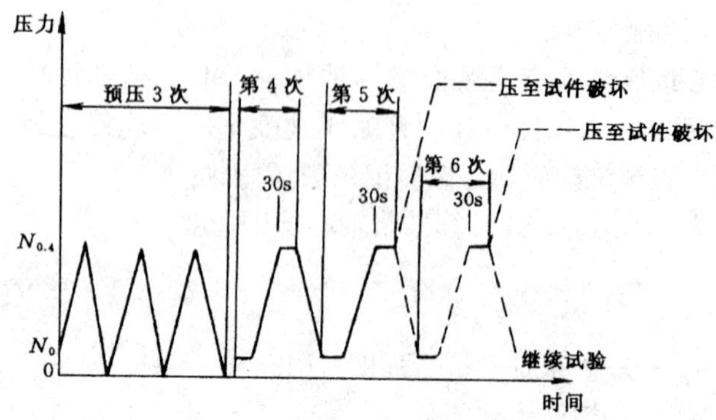

图 8.0.5　弹性模量试验加荷制度示意图

两侧仪表的测值，然后加荷到控制荷载（$0.4f_{mc}$），恒荷 30s 后，读取并记录两侧仪表的测值，两侧测值的平均值，即为该次试验的变形值。按上述速度卸荷至初始荷载，恒荷 30s 后，再读取并记录两侧仪表上的初始测值，再按上述方法进行第五次加荷、恒荷、读数，并计算出该次试验的变形值。当前后两次试验的变形值差，不大于 0.0002 测量标距时，试验即可结束，否则应重复上述过程，直到两次相邻加荷的变形值相差符合上述要求为止。然后卸除仪表，以同样速度加荷至破坏，测得试件的棱柱体抗压强度 f'_{mc}。

第 8.0.6 条　砂浆的弹性模量值应按下式计算：

$$E_m = \frac{N_{0.4} - N_0}{A} \times \frac{l}{\Delta l} \tag{8.0.6}$$

式中　E_m——砂浆弹性模量（MPa）；

$N_{0.4}$——应力为 $0.4f_{mc}$的压力（N）；

N_0——应力为 0.3MPa 的初始荷载（N）；

A——试件承压面积（mm^2）；

Δl——最后一次从 N_0 加荷至 $N_{0.4}$时试件两侧变形差的平均值（mm）；

l——测量标距（mm）。

弹性模量的计算结果精确至 10MPa。

弹性模量按三个试件测值的算术平均值计算。如果其中一个试件在测完弹性模量后，发现其棱柱体抗压强度值 f'_{mc}与决定试验控制荷载的轴心抗压强度值 f_{mc}的差值超过后者的 25％时，则弹性模量值按另外两个试件的算术平均值计算。如两个试件超过上述规定，则试验结果无效。

第九章　抗冻性能试验

第9.0.1条　本试验方法适用于砂浆强度等级大于M2.5（2.5MPa）的试件在负温空气中冻结，正温水中溶解的方法进行抗冻性能检验。

第9.0.2条　砂浆抗冻试件的制作及养护应按下列要求进行：

一、砂浆抗冻试件采用70.7mm×70.7mm×70.7mm的立方体试件，其试件组数除鉴定砂浆标号的试件之外，再制备两组（每组六块），分别作为抗冻和与抗冻试件同龄期的对比抗压强度检验试件；

二、砂浆试件的制作与养护方法同本标准第7.0.3条。

第9.0.3条　试验用仪器设备应符合下列规定：

一、冷冻箱（室）　装入试件后能使箱（室）内的温度保持在－15℃～－20℃的范围以内；

二、篮框　用钢筋焊成，其尺寸与所装试件的尺寸相适应；

三、天平或案秤　称量为5kg，感量为5g；

四、溶解水槽　装入试件后能使水温保持在15℃～20℃的范围以内；

五、压力试验机　精度（示值的相对误差）不大于±2%，量程能使试件的预期破坏荷载值不小于全量程的20%，也不大于全量程的80%。

第9.0.4条　砂浆抗冻性能试验应按下列要求：

一、试件在28d龄期时进行冻融试验。试验前两天应把冻融试件和对比试件从养护室取出，进行外观检查并记录其原始状况；随后放入15℃～20℃的水中浸泡，浸泡的水面应至少高出试件顶面20mm，该两组试件浸泡两天后取出，并用拧干的湿毛巾轻轻擦去表面水分，然后编号，称其重量。冻融试件置入篮框进行冻融试验，对比试件则放入标准养护室中进行养护；

二、冻或融时，篮框与容器底面或地面须架高 20mm，篮框内各试件之间应至少保持 50mm 的间距；

三、冷冻箱（室）内的温度均应以其中心温度为标准。试件冻结温度应控制在 −15℃ ~ −20℃。当冷冻箱（室）内温度低于 −15℃时，试件方可放入。如试件放入之后，温度高于 −15℃时，则应以温度重新降至 −15℃时计算试件的冻结时间。由装完试件至温度重新降至 −15℃的时间不应超过 2h；

四、每次冻结时间为 4h，冻后即可取出并应立即放入能使水温保持在 15℃ ~ 20℃的水槽中进行溶化。此时，槽中水面应至少高出试件表面 20mm，试件在水中溶化的时间不应小于 4h。溶化完毕即为该次冻融循环结束。取出试件，送入冷冻箱（室）进行下一次循环试验，以此连续进行直至设计规定次数或试件破坏为止；

五、每五次循环，应进行一次外观检查，并记录试件的破坏情况；当该组试件 6 块中的 4 块出现明显破坏（分层、裂开、贯通缝）时，则该组试件的抗冻性能试验应终止；

六、冻融试件结束后，冻融试件与对比试件应同时在 105℃ ± 5℃的条件下烘干，然后进行称量、试压。如冻融试件表面破坏较为严重，应采用水泥净浆修补，找平后送入标准环境中养护 2d 后与对比试件同时进行试压。

第 9.0.5 条 砂浆冻融试验后应分别按下式计算其强度损失率和质量损失率。

一、砂浆试件冻融后的强度损失率：

$$\Delta f_m = \frac{f_{m1} - f_{m2}}{f_{m1}} \times 100 \qquad (9.0.5-1)$$

式中 Δf_m——N 次冻融循环后的砂浆强度损失率（%）；

f_{m1}——对比试件的抗压强度平均值（MPa）；

f_{m2}——经 N 次冻融循环后的 6 块试件抗压强度平均值

(MPa)。

二、砂浆试件冻融后的质量损失率：

$$\Delta m_{\mathrm{m}}=\frac{m_0-m_{\mathrm{n}}}{m_0}\times 100 \qquad (9.0.5-2)$$

式中 Δm_{m}——N 次冻融循环后的质量损失率，以 6 块试件的平均值计算（%）；

m_0——冻融循环试验前的试件质量（kg）；

m_{n}——N 次冻融循环后的试件质量（kg）。

当冻融试件的抗压强度损失率不大于 25%，且质量损失率不大于 5%时，说明该组试件两项指标同时满足上述规定，则该组砂浆在试验的循环次数下，抗冻性能可定为合格，否则为不合格。

第十章 收 缩 试 验

第 10.0.1 条 本方法适用于测定建筑砂浆的自然干燥收缩值。

第 10.0.2 条 收缩试验所用设备应符合下列规定：

一、立式砂浆收缩仪 标准杆长度为 176mm ± 1mm，测量精度为 0.01mm 见图 10.0.2－1；

二、收缩头 黄铜或不锈钢加工而成见图 10.0.2－2；

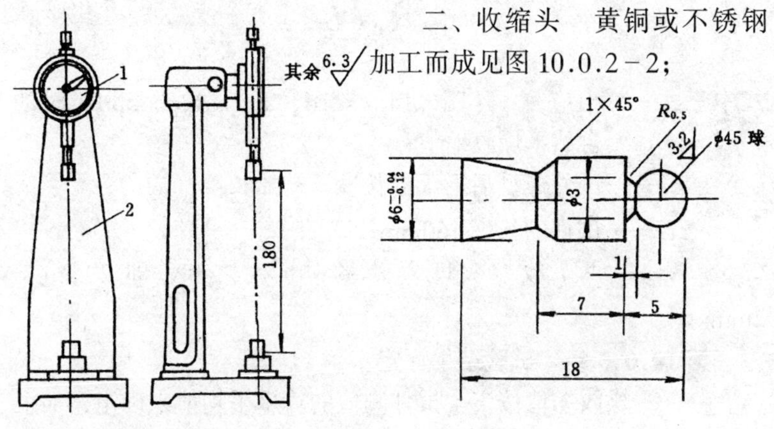

图 10.0.2－1 收缩仪（mm）

1—千分表；2—支架

图 10.0.2－2 收缩头（mm）

三、试模尺寸为 40mm×40mm×160mm 棱柱体，且在试模的两个端面中心，各开一个 ϕ6.5mm 的孔洞。

第 10.0.3 条 收缩试验应按下列步骤进行：

一、将收缩头固定在试模两端面的孔洞中，使收缩头露出试件端面 8mm ± 1mm；

二、将达到所需稠度的砂浆装入试模中，振动密实，置于 20℃ ± 5℃ 的预养室中，隔 4h 之后将砂浆表面抹平，砂浆带模在标准养护条件（温度为 20℃ ± 3℃，相对湿度为 90% 以上）下养护，7d后拆模，编号，标明测试方向；

三、将试件移入温度20℃±20℃，相对湿度60℃±5%的测试室中预置4h，测定试件的初始长度，测定前，用标准杆调整收缩仪的百分表的原点，然后按标明的测试方向立即测定试件的初始长度；

四、测定砂浆试件初始长度后，置于温度20℃±2℃，相对湿度为60%±5%的室内，到第七天、十四天、二十一天、二十八天、四十二天、五十六天测定试件的长度，即为自然干燥后长度。

第10.0.4条 砂浆自然干燥收缩值应按下列公式计算：

$$\varepsilon_{st}=\frac{L_0-L_t}{L-L_d}$$

式中 ε_{st}——相应为t（7d、14d、21d、28d、42d、56d）时的自然干燥收缩值；

L_0——试件成型后七天的长度即初始长度（mm）；

L——试件的长度160mm；

L_d——两个收缩头埋人砂浆中长度之和，即20mm±2mm。

第10.0.5条 试验结果评定：

一、干燥收缩值按三个试件测值的算术平均值来确定，如个别值与平均值偏差大于20%，应剔除，但一组至少有二个数据计算平均值；

二、每块试件的干燥收缩值取二位有效数字，精确到10×10^{-6}。

附录　本标准用词说明

一、为便于执行本标准条文时区别对待，对于要求严格程度不同的用词说明如下：

1. 表示很严格，非这样作不可的：

正面词采用“必须”；

反面词“严禁”。

2. 表示严格，在正常情况下均应这样作的：

正面词采用“应”；

反面词采用“不应”或“不得”。

3. 表示允许稍有选择，在条件许可时，首先应这样作的：

正面词采用“宜”或“可”；

反面词采用“不宜”。

二、条文中指明必须按其它有关标准执行的写法为：“应按……执行”或“应符合……要求（或规定）”。非必须按所指定的标准执行的写法为，“可参照……的要求（或规定）”。

附加说明：

本标准主编单位、参加单位和主要起草人名单

主 编 单 位： 陕西省建筑科学研究设计院

参 加 单 位： 上海市建筑科学研究院
四川省建筑科学研究院
福建省建筑科学研究院
黑龙江省低温建筑科学研究院
解放军后勤工程学院

主要起草人： 张　招　吴菊珍　李素兰　何希铨　邹新民
陈善法　刘淑卿

四、多孔砖（KP_1型）建筑抗震设计与施工规程

JGJ 68—90

（摘录）

第五章　抗震构造措施

第 5.0.1 条　一般情况下，多孔砖房屋应按表 5.0.1 的要求设置钢筋混凝土构造柱（以下简称构造柱）。

构造柱设置要求　　　　　　　　**表 5.0.1**

房屋层数				各种层数和烈度均设置的部位	随层数或烈度变化而增设的部位
6 度	7 度	8 度	9 度		
4、5	3、4	2、3		外墙四角，错层部位横墙与外纵墙交接处，较大洞口两侧，大房间内外墙交接处	7～9 度的楼、电梯间的横墙与外墙交往处
6、7	5、6	4	2		楼、电梯间的横墙与外墙交接处，山墙与内纵墙交接处，隔开间横墙（轴线）与外墙交接处
8	7	5、6	3		楼、电梯间的横墙与外墙交接处，内墙（轴线）与外墙交接处，内墙局部较小墙垛处，9 度时的内纵墙与横墙（轴线）交接处

第 5.0.2 条　外廊式和单面走廊式的多层房屋，应根据房屋增加一层后的层数，按表 5.0.1 要求设置构造柱，单面走廊两侧的纵墙也应按外墙处理。

教学楼、医院等横墙较少的房屋，应根据增加一层后的层数，按本条上述要求或第 5.0.1 条的要求设置构造柱。

第 5.0.3 条　构造柱应符合下列规定：

一、构造柱最小截面为 240mm×180mm，纵向钢筋宜采用 4ϕ12，箍筋间距不宜大于 250mm，且在与圈梁相交的节点处宜适当加密，加密范围在圈梁上下均不应小于 1/6 层高或 450mm，箍筋间距不宜大于 100mm。房屋四角的构造柱可适当加大截面及配筋；

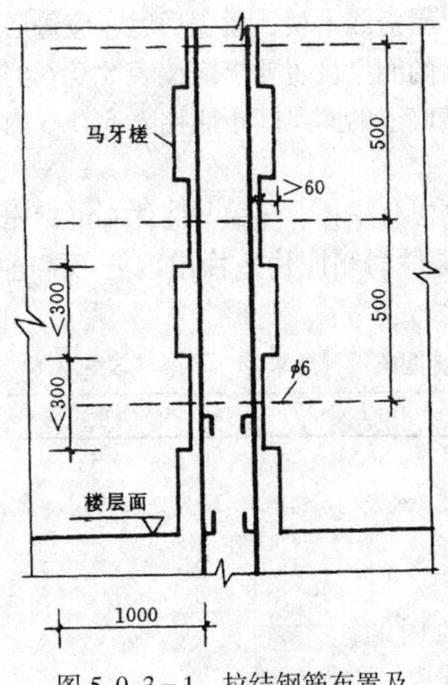

图 5.0.3－1　拉结钢筋布置及马牙槎示意图

二、7 度时超过 6 层、8 度时超过 5 层和 9 度区的构造柱纵向钢筋宜采用 4ϕ14，箍筋间距不宜大于 200mm；

三、构造柱与墙体的连接处宜砌成马牙槎，并沿墙高每 500mm 设 2ϕ6 拉结钢筋，每边伸入墙内不宜小于 1m 见图 5.0.3－1；

四、构造柱混凝土强度等级不应低于 C15；

五、构造柱可不单独设置基础，但应伸入室外地面下 500mm 见图 5.0.3－2，或锚入浅于 500mm 的基础圈梁内。

第 5.0.4 条　7 度时层高超过 3.6m 或墙长大于 7.2m 的大房间，8 度和 9 度时的房屋外墙转角及内外墙交接处，当未设置构造柱时，应沿墙高每隔 500mm 配置 2ϕ6 拉结钢筋，每边伸入墙内不宜小于 1m。

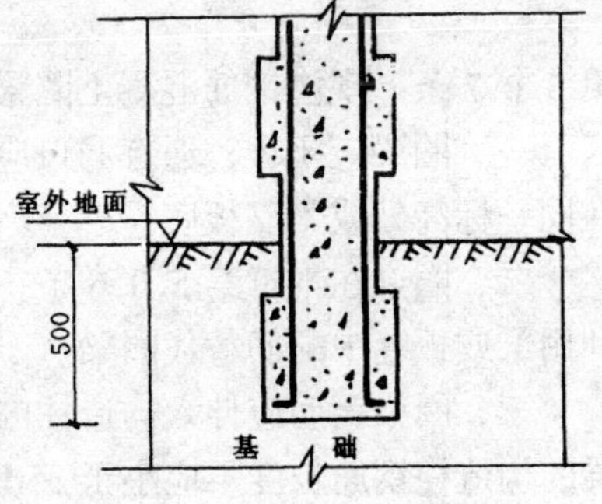

图 5.0.3－2　构造柱根部示意图

第 5.0.5 条　后砌的非承重砌体隔墙，应沿墙高每隔 500mm 配置 2ϕ6 拉结钢筋与承重墙或柱拉结，每边伸入墙内不应小于 500mm。8 度和 9 度时，长度大于 5.1m 的后砌非承重隔墙的墙顶尚应与楼板或梁拉结。

第 5.0.6 条　多孔砖房屋的现浇钢筋混凝土圈梁设置应符合下列规定：

一、装配式钢筋混凝土楼、屋盖或木楼、屋盖房屋，应每层设置图梁，横墙承重时，各类墙的圈梁设置要求应按表 5.0.6 的规定执行；纵墙承重时，抗震横墙上的圈梁间距应比表 5.0.6 内要求适当加密。

二、现浇或装配整体式钢筋混凝土楼、屋盖与墙体有可靠连接的房屋可不另设圈梁，但楼板应与相应构造柱用钢筋可靠连接。

现浇钢筋混凝土圈梁设置要求 **表 5.0.6**

墙 类	6 度和 7 度	8 度	9 度
外墙及内纵墙	外墙屋盖处及每层楼盖处 内纵墙屋盖处及隔层楼盖处	屋盖处及每层楼盖处	屋盖处及每层楼盖处
内横墙	屋盖及每层楼盖处，屋盖处间距不应大于 7m，楼盖处间距不应大于 15m；构造柱对应部位	同上，屋盖处沿所有横墙，且间距不应大于 7m，楼盖处间距不应大于 7m；构造柱对应部位	同上，各层所有横墙

第 5.0.7 条 现浇钢筋混凝土圈梁构造应符合下列规定：

一、圈梁应闭合，遇有洞口应上下搭接，圈梁宜与预制板设在同一标高处或紧靠板底。

二、圈梁在本章第 5.0.6 条一款要求的间距内无横墙时，应利用梁或板缝中配筋替代圈梁。

三、圈梁钢筋应伸入构造柱内，并有可靠锚固。伸入顶层圈梁的构造柱钢筋长度不应小于 35d。

四、圈梁的截面高度不应小于 120mm。配筋应符合表 5.0.7 的规定。地基有软弱粘性土、液化土、新近填土或严重不均匀土层时，宜增设基础圈梁，其截面高度不应小于 180mm，配筋不应少于 $4\phi12$。

五、现浇圈梁的混凝土强度等级不应低于 C15。

圈 梁 配 筋 要 求　　表 5.0.7

配　筋	6 度和 7 度	8　度	9　度
最小纵筋	4ϕ8	4ϕ10	4ϕ12
最大箍筋间距	250mm	200mm	150mm

第 5.0.8 条　多孔砖房屋的楼屋益应符合下列规定：

一、现浇钢筋混凝土楼、屋面板伸进纵横墙内的长度均不宜小于 120mm；

二、装配式钢筋混凝土楼、屋面板，当圈梁未设在板的同一标高时，板伸进外墙的长度不应小于 120mm，伸进内墙的长度不宜小于 100mm，且不应小于 80mm，板在梁上的支承长度不应小于 80mm；

三、当板的跨度大于 4.8m 并与外墙平行时，靠外墙的预制板侧边应与墙或圈梁拉结；

四、房屋端部大房间的楼盖、8 度时房屋的屋盖和 9 度时房屋的楼屋盖，当圈梁设在板底时，钢筋混凝土预制板应相互拉结，并应与梁、墙或圈梁拉结。

第 5.0.9 条　多孔砖房屋楼、屋盖的连接应符合下列规定：

一、楼、屋盖的钢筋混凝土梁或屋架，应与墙、柱（包括构造柱）或圈梁可靠连接，梁与砖柱的连接不应削弱砖柱截面，各层独立砖柱顶部应在两个方向均有可靠连接；

二、坡屋顶房屋的屋架应与顶层圈梁可靠连接，檩条或屋面板应与墙及屋架可靠连接，房屋出入口处的檐口瓦应与屋面构件锚固。

三、不宜采用无锚固措施的钢筋混凝土预制挑檐。

第 5.0.10 条　8 度和 9 度时，多孔砖坡屋顶房屋的顶层内纵墙顶，宜增砌支撑端山墙的踏步式墙垛。

第 5.0.11 条　楼梯间应符合下列规定：

一、8 度和 9 度时，顶层楼梯间横墙和外墙宜沿墙高每隔

500mm 设 2ϕ6 通长钢筋；

二、9 度时，除顶层外，其它各层楼梯间可在休息平台或楼层半高处设置 100mm 厚的钢筋混浇上带，混凝土强度等级不宜低于 C15，钢筋不宜少于 2ϕ10；

三、8 度和 9 度时，楼梯间及门厅内墙阳角处的大梁支承长度不应小于 500mm，并应与圈梁连接；

四、装配式楼梯段应与平台板的梁可靠连接，不应采用墙中悬挑式踏步或踏步竖肋插入墙体的楼梯，不应采用无筋砖砌栏板；

五、突出屋顶的楼、电梯间，构造柱应伸到顶部，并与顶部圈梁连接，内外墙交接处应沿墙高每隔 500mm 设 2ϕ6 拉结钢筋，且每边伸入墙内不应小于 1m。

第六章　施工技术要求与质量检验

第一节　施 工 准 备

第 6.1.1 条　砖的强度等级必须符合设计要求，并应按《承重粘土空心砖》JC196—75 进行检验和验收。

第 6.1.2 条　砌筑清水墙、柱的多孔砖，应边角整齐、色泽均匀。

第 6.1.3 条　多孔砖在运输装卸过程中，严禁倾倒和抛掷。经验收的砖，应按强度等级堆放整齐，堆置高度不宜超过 2m。

第 6.1.4 条　常温条件下，砖应提前 1～2d 浇水湿润。砌筑时砖的含水率宜控制在 10%～15%。

注：含水率以水重占干砖重的百分数计。

第 6.1.5 条　拌制砂浆及混凝土的水泥，如标号不明或出厂期超过 3 个月，应经试验鉴定后方可使用。

第 6.1.6 条　砂浆用砂宜采用中砂，并应过筛，不得含有草根等杂物。砂中含泥量，对于水泥砂浆和强度等级不小于 M5 的水泥混合砂浆，不应超过 5%；对于强度等级小于 M5 的水泥混合砂浆，不应超过 10%。

第 6.1.7 条　拌制砂浆应采用石灰膏、粘土膏、电石膏、粉煤灰和磨细生石灰粉等无机掺合料，严禁使用干石灰或干粘土。

第 6.1.8 条　拌制砂浆及混凝土的水应符合《混凝土拌合用水》JGJ63—89 的要求。

第 6.1.9 条　构造柱混凝土所用石子的粒径不宜大于 20mm。

第 6.1.10 条　砂浆的配合比应采用重量比。配合比应事先经试验确定。如砂浆的组成材料有变更，其配合比应重新确定。

试配砂浆，应按设计强度等级提高15%。

第6.1.11条 砂浆调度宜控制在70～90mm。

第6.1.12条 混凝土的配合比应通过计算和试配确定，并以重量计。混凝土施工配制强度按国家标准《混凝土强度检验评定标准》GB107—87确定。

第二节 施 工 要 求

第6.2.1条 砌体应上下错缝、内外搭砌，宜采用一顺一丁或梅花丁的砌筑形式。

砖柱不得采用包心砌法。

第6.2.2条 砌体灰缝应横平竖直。水平灰缝和竖向灰缝宽度可为10mm，但不应小于8mm，也不应大于12mm。

第6.2.3条 砌筑用砂浆应随拌随用。水泥砂浆和水泥混合砂浆必须分别在拌后3h和4h内使用完毕；如施工期间最高气温超过30℃，必须分别在拌成后2h和3h内使用完毕。

第6.2.4条 砂浆拌合后和使用时，均应盛入贮灰器内。如砂浆出现泌水现象，应在砌筑前在贮灰器内再次拌合。

第6.2.5条 砌体灰缝应填满砂浆。水平灰缝的砂浆饱满度不得低于80%，竖向灰缝宜采用加浆填灌的方法，使其砂浆饱满，但严禁用水冲浆灌缝。

砌体宜采用“三一”砌砖法砌筑。采用铺浆法砌筑时，铺浆长度不得超过500mm。

第6.2.6条 砌筑砌体时，多孔砖的孔洞应垂直于受压面，砌筑前应试摆。

第6.2.7条 除设置构造柱的部位外，砌体的转角处和交接处应同时砌筑，对不能同时砌筑而又必须留置的临时间断处，应砌成斜槎。

临时间断处的高度差，不得超过一步脚手架的高度。

第6.2.8条 砌体接槎时，必须将接槎处的表面清理干净，浇水湿润，并应填实砂浆，保持灰缝平直。

第6.2.9条 设置构造柱的墙体应先砌墙后浇灌混凝土。构造柱应有外露面，以便检查混凝土浇灌质量。

第6.2.10条 浇灌构造柱混凝土前，必须将砖砌体和模板浇水润湿，并将模板内的落地灰、砖渣等清除干净。

第6.2.11条 构造柱混凝土分段浇灌时，在新老混凝土接槎处，须先用水冲洗、润湿，再铺10～20mm厚的水泥砂浆（用原混凝土配合比去掉石子），方可继续浇灌混凝土。

第6.2.12条 浇捣构造柱混凝土时，宜采用插入式振捣棒。振捣时，振捣棒应避免直接触磁砖墙，严禁通过砖墙传振。

第6.2.13条 雨天施工时，砂浆的稠度应适当减小，每日砌筑高度不宜超过1.2m。收工时，砌体顶面应予覆盖。

第6.2.14条 冬期施工时，尚应符合现行规范冬期施工的有关规定。

第三节 质 量 检 验

第6.3.1条 砂浆强度等级应以标准养护、龄期为28d的试块抗压试验结果为准。

每一楼层或250m^3砌体中的各种强度等级的砂浆，每台搅拌机应至少检查一次，每次至少应制作一组试块（每组6块）。

第6.3.2条 砂浆试块强度必须符合下列规定：

一、同品种、同强度等级的砂浆各组试块的平均强度不得小于设计要求的强度等级；

二、任意一组试块的强度不得小于设计要求的强度等级的75%；

三、当单位工程中仅有一组试块时，其强度不应低于设计强度等级。

第6.3.3条 在砌筑过程中，每步架至少应抽查3处（每处3块砖）砌体的水平灰缝砂浆饱满度，其平均值不得低于

80%。

砌筑的砌体，不得出现透明缝。

第6.3.4条 混凝土试块强度的检验和评定，应按国家标准《混凝土强度检验评定标准》GBJ107—87执行。

第6.3.5条 构造柱混凝土应振捣密实，不应露筋或有较多的蜂窝、麻面。

第6.3.6条 砌体的尺寸和位置的允许偏差，不得超过表6.3.6的规定。

砌体的尺寸和位置的允许偏差 **表6.3.6**

<table>
<tr><th rowspan="2">项次</th><th rowspan="2" colspan="3">项　　目</th><th colspan="2">允许偏差（mm）</th><th rowspan="2">检　验　方　法</th></tr>
<tr><th>墙</th><th>柱</th></tr>
<tr><td>1</td><td colspan="3">轴线位移</td><td>10</td><td>10</td><td>用经纬仪复查或检查施工记录</td></tr>
<tr><td>2</td><td colspan="3">楼面标高</td><td>±15</td><td>±15</td><td>用水平仪复查或检查施工记录</td></tr>
<tr><td rowspan="3">3</td><td rowspan="3">墙面垂直度</td><td colspan="2">每　层</td><td>5</td><td>5</td><td>用2m托线板检查</td></tr>
<tr><td rowspan="2">全高</td><td>≤10m</td><td>10</td><td>10</td><td rowspan="2">用经纬仪或吊线和尺检查</td></tr>
<tr><td>>10m</td><td>20</td><td>20</td></tr>
<tr><td rowspan="2">4</td><td rowspan="2">表面平整度</td><td colspan="2">清水墙、柱</td><td>5</td><td>5</td><td rowspan="2">用2m直尺和楔形塞尺检查</td></tr>
<tr><td colspan="2">混水墙、柱</td><td>8</td><td>8</td></tr>
<tr><td rowspan="2">5</td><td rowspan="2" colspan="2">水平灰缝平直度</td><td>清水墙</td><td>7</td><td>—</td><td rowspan="2">拉10m线和尺检查</td></tr>
<tr><td>混水墙</td><td>10</td><td>—</td></tr>
<tr><td>6</td><td colspan="3">水平灰缝厚度（10皮砖累计数）</td><td>±8</td><td>±8</td><td>与皮数杆比较，用尺检查</td></tr>
<tr><td>7</td><td colspan="3">清水墙游丁走缝</td><td>20</td><td>—</td><td>吊线和尺检查，以每层第一皮砖为准</td></tr>
<tr><td>8</td><td colspan="3">外墙上下窗口偏移</td><td>20</td><td>—</td><td>用经纬仪或吊线检查，以底层窗口为准</td></tr>
<tr><td>9</td><td colspan="3">门窗洞口宽度（后塞口）</td><td>±5</td><td>—</td><td>用尺检查</td></tr>
</table>

第6.3.7条 构造柱尺寸和位置的允许偏差，不得超过表6.3.7的规定。

构造柱尺寸和位置的允许偏差　　表 6.3.7

<table>
<tr><th>项次</th><th colspan="3">项　目</th><th>允许偏差（mm）</th><th>检验方法</th></tr>
<tr><td>1</td><td colspan="3">柱中心线位置</td><td>10</td><td>用经纬仪检查</td></tr>
<tr><td>2</td><td colspan="3">柱层间错位</td><td>8</td><td>用经纬仪检查</td></tr>
<tr><td rowspan="3">3</td><td rowspan="3">柱垂直度</td><td colspan="2">每　层</td><td>10</td><td>用吊线法检查</td></tr>
<tr><td rowspan="2">全高</td><td>≤10m</td><td>15</td><td>用经纬仪或吊线法检查</td></tr>
<tr><td>>10m</td><td>20</td><td>用经纬仪或吊线法检查</td></tr>
</table>

附加说明：

本规程主编单位、参加单位和主要起草人名单

主 编 单 位： 中国建筑科学研究院

参 加 单 位： 北京市建筑设计院

陕西省建筑科学研究所

中国建筑西北设计院

四川省建筑科学研究院

同济大学

西安冶金建筑学院

主要起草人： 王有为　董竟成　周炳章　周九仪

巴荣光　侯汝欣　蔡国均　王增培

顾蕙若　易文宗　冯建国　宋西战

崔建友　陈蜀贤　文国栋

五、设置钢筋混凝土构造柱多层砖房抗震技术规程

JGJ/T 13—94

主编部门：中国建筑科学研究院
批准部门：中华人民共和国建设部
施行日期：1994年9月1日

关于发布行业标准《设置钢筋混凝土构造柱多层砖房抗震技术规程》的通知

建标［1994］265 号

根据原城乡建设环境保护部（88）城标字第 141 号文的要求，由中国建筑科学研究院负责修订的《设置钢筋混凝土构造柱多层砖房抗震技术规程》，业经审查，现批准为推荐性行业标准，编号 JGJ/T 13—94，自一九九四年九月一日起施行。部标准《多层砖房设置钢筋混凝土构造柱抗震设计与施工规程》（JGJ 13—82）同时废止。

本规程由建设部建筑工程标准技术归口单位中国建筑科学研究院负责管理和解释，由建设部标准定额研究所组织出版。

中华人民共和国建设部

1994 年 4 月 20 日

目　次

1 总 则

1.0.1 为贯彻执行地震工作以预防为主的方针，使设置钢筋混凝土构造柱（以下简称构造柱）多层砖房的设计与施工做到技术先进，经济合理，安全适用，确保质量，以充分发挥其抗震能力，制定本规程。

1.0.2 按本规程设计的设置构造柱的多层砖房，当遭到低于本地区设防烈度的多遇地震影响时，一般不受损坏或不需修理仍可继续使用；当遭受本地区设防烈度的地震影响时，可能损坏，经一般修理或不需修理仍可继续使用；当遭受高于本地区设防烈度的预估罕遇地震影响时，不致倒塌或发生危及生命的严重破坏。

1.0.3 本规程适用于抗震设防烈度为6～9度地区设置构造柱的粘土砖多层砖房和底层框架—抗震墙砖房（以下简称底层框架砖房）的抗震设计与施工。

1.0.4 本规程系根据国家标准《建筑结构设计统一标准》GBJ 68—84规定的原则进行修订的，符号、计量单位和基本术语系按照国家标准《建筑结构设计通用符号、计量单位和基本术语》GBJ 83—85的规定采用。

1.0.5 进行多层砖房抗震设计与施工时，除执行本规程外，尚应符合现行有关标准的规定。

本规程必须与《建筑结构荷载规范》GBJ 9—8 7、《建筑抗震设计规范》GBJ 11—89等相关的标准配套使用，不得与未按《建筑结构设计统一标准》GBJ 68—84制订、修订的各种建筑结构标准、规范及规程混用。

2 主 要 符 号

2.0.1 材料性能

MU——砖强度等级；

M——砂浆强度等级；

f_v——砌体抗剪强度设计值；

f_{vE}——砌体抗震抗剪强度设计值；

E——砌体弹性模量；

E_c——混凝土弹性模量；

G——砌体剪变模量。

2.0.2 几何参数

H_i、H_j——分别为质点 i、j 的计算高度；

H——抗震墙层间计算高度；

A——墙体水平截面面积；

A_g——墙体水平截面毛面积；

A_1——墙体折算水平截面面积；

A_2——墙段扣除孔洞及构造柱混凝土截面积后的砖砌体水平截面净面积；

A_c——墙段内构造柱混凝土水平截面面积；

A_s——墙段层间竖向截面中钢筋总截面面积；

B——抗震墙计算宽度；

d——钢筋直径；

s_e——门（窗）洞中心至墙段中心的距离；

a——钢筋弯折宽度；

b——钢筋弯折长度；

t——抗震墙厚度；

l_1——洞间墙长度；

l_2、l_3——洞口长度；

l_1——钢筋绑扎搭接长度；

I_1——墙段水平截面折算惯性矩。

2.0.3 计算系数

α_1——相应于结构基本自振周期的水平地震影响系数；

α_{max}——地震影响系数最大值；

ζ_N——砖砌体强度的正应力影响系数；

γ_{RE}——构件承载力抗震调整系数；

υ_0——复合夹心墙抗震能力提高系数；

η_c——构造柱参予墙体工作系数。

3 一 般 规 定

3.1 基本要求

3.1.1 设置构造柱的多层砖房总高度和层数，不应超过表3.1.1的规定。

设置构造柱的多层砖房总高度和总层数限值　　表3.1.1

抗震墙布置	烈度							
	6		7		8		9	
	高度（m）	层数	高度（m）	层数	高度（m）	层数	高度（m）	层数
横墙较多	24	八	21	七	18	六	12	四
横墙较少	21	七	18	六	15	五	9	三

注：1. 房屋的高度是指室外地坪到主建筑物檐口的高度。半地下室可从地下室室内地面算起，全地下室可从室外地坪算起；

2. 横墙较多是指横墙间距均不大于4.2m，或横墙间距大于4.2m的房间的面积在某一层内不大于该层总面积的1/4，否则为横墙较少；

3. 本表适用于最小墙厚为240mm及240mm以上的实心墙；

4. 房屋的层高不宜超过4m。

3.1.2 构造柱应按下列设置原则布置：

3.1.2.1 构造柱设置部位，一般情况应符合表3.1.2的要求。

3.1.2.2 外廊式和单面走廊式多层砖房，应根据房屋实际层数增加一层的尾数。按表3.1.2的要求设置构造柱，且单面走廊两侧的纵墙均应按外墙处理。

3.1.2.3 当第3.1.2.2款和表3.1.1中横墙较少两种情况同时出现时，可按房屋实际层数增加一层的层数设置构造柱。

3.1.3 防震缝两侧应设置抗震墙，并应视为房屋的外墙，按第

3.1.2 条规定设置构造柱。

多层砖房构造柱设置 **表 3.1.2**

<table>
<tr><th colspan="4">房屋层数</th><th colspan="2" rowspan="2">设 置 的 部 位</th></tr>
<tr><th>6度</th><th>7度</th><th>8度</th><th>9度</th></tr>
<tr><td>四、五</td><td>三、四</td><td>二、三</td><td></td><td rowspan="2">外墙四角，错层部位横墙与外纵墙交接处，较大洞口两侧，大房间内外墙交接处</td><td>7～8 度时，楼、电梯间的四角</td></tr>
<tr><td>六～八</td><td>五、六</td><td>四</td><td>二</td><td>隔一开间（轴线）横墙与外墙交接处，山墙与内纵墙交接处
7～9 度时，楼、电梯间的四角</td></tr>
<tr><td></td><td>七</td><td>五、六</td><td>三、四</td><td>—</td><td>内墙（轴线）与外墙交接处，内墙局部较小墙垛处
7～9 度时，楼、电梯间的四角
8 度时无洞口内横墙与内纵墙交接处
9 度时内纵墙与横墙（轴线）交接处</td></tr>
</table>

3.1.4 构造柱应沿整个建筑物高度对正贯通，不应使层与层之间构造柱相互错位。突出屋顶的楼、电梯间，构造柱应伸到顶部，并与顶部圈梁连接，内外墙交接处应沿墙高每隔 500mm 设 2ϕ6 拉结钢筋，且每边伸入墙内不应小于 1m。局部突出的屋顶间的顶部及底部均应设置圈梁。

3.1.5 单面走廊房屋除满足第 3.1.2 条的要求外，尚应在单面走廊房屋的山墙设置不少于 3 根的构造柱，封闭式单面走廊一侧的外纵墙构造技设置应满足第 3.1.2 条的要求。8 度和 9 度时敞开式外廊砖柱应配置竖向钢筋，且外廊砖柱顶部应在两个方向均有可靠连接。

3.1.6 当多层砖房抗震墙不满足抗震强度要求时，可采用水平配筋砖砌体。

3.1.7 多层砖房结构材料性能指标，除有特殊规定外，应符合下列要求：

3.1.7.1 粘土砖的强度等级不应低于 MU7.5；砖砌体的砂浆强度等级不应低于 M2.5；当配置水平钢筋时砂浆强度等级不应低于 M5。

3.1.7.2 构造柱和圈梁的混凝土强度等级不应低于 C15，构造柱混凝土骨料的粒径不宜大于 20mm。

3.1.7.3 钢筋宜采用 I 级钢筋。

3.2 抗震结构体系

3.2.1 当构造柱沿外纵墙隔开间设置时，宜设置在有横墙处。

3.2.2 隔开间或每开间设置构造柱的多层砖房，应沿设有构造柱的横墙及内、外纵墙在每层楼盖和屋盖处均设置闭合的圈梁。

3.2.3 仅在外墙四角设置构造柱时，应在无圈梁楼层的两个方向增设与构造柱连接的配筋砖带，且沿外墙伸过 1 个开间，其它情况应沿外纵墙和外横墙拉通。配筋砖带截面高度不应小于 4 皮砖，砂浆强度等级不应低于 M5。

3.2.4 内走廊房屋沿横向设置的圈梁或现浇混凝土带，均应穿过走廊拉通，并隔一定距离将穿过走廊部分的圈梁局部加强。局部加强的圈梁最大间距应符合表 3.2.4 的要求，其截面最小高度不宜小于 240mm。

局部加强的圈梁最大间距（m） **表 3.2.4**

设防烈度	最大间距
6、7	15
8	11

3.2.5 底层框架砖房的底层，应采用现浇或装配整体式钢筋混凝土楼盖，并宜适当加大第二层砖房构造柱截面及其纵向钢筋截面面积。

4 地震作用和截面抗震验算

4.1 地震作用计算

4.1.1 设置构造柱、水平钢筋和复合夹心墙的多层砖房地震作用，应按现行国家标准《建筑抗震设计规范》GBJ11—89 第 4.1.1 条、第 4.1.3 条、第 4.1.4 条、第 4.2.1 条、第 4.2.3 条和第 4.2.4 条计算。

4.1.2 设防烈度为 6 度的多层砖房，可不进行地震作用计算，但抗震措施应符合有关要求。

4.2 抗震承载力验算

4.2.1 一般情况下，墙体截面抗震承载力应按下式验算：

$$V \leqslant \frac{f_{vE} A}{\gamma_{RE}} \upsilon_0 \tag{4.2.1-1}$$

$$f_{vE} = \zeta_N f_v \tag{4.2.1-2}$$

式中 V——墙体剪力设计值（地震作用分项系数取 1.3）；

f_{vE}——墙体沿阶梯形截面破坏的抗震抗剪强度设计值；

f_v——非抗震设计的粘土砖砌体抗剪强度设计值，应按现行国家标准《砌体结构设计规范》GBJ 3—88 采用；

ζ_N——砖砌体强度的正应力影响系数，可按表 4.2.1 采用；

A——墙体水平截面面积，复合夹心墙按承重叶墙计算；

γ_{RE}——承载力抗震调整系数。两端均有构造柱的抗震墙 $\gamma_{RE}=0.9$，自承重抗震墙 $\gamma_{RE}=0.75$，其它抗震墙 $\gamma_{RE}=1.0$；

υ_0——复合夹心墙承重叶墙抗震能力提高系数。当 $A_2/A_g \geqslant 0.6$ 时，取 $\upsilon_0=1.15$；当 $A_2/A_g < 0.6$ 时，取 $\upsilon_0=1.00$；

A_2——墙段扣除孔洞及柱混凝土截面积后的砖砌体水平截面净面积；

A_g——墙段水平截面毛面积，复合夹心墙按承重叶墙计算。

粘土砖砌体强度的正应力影响系数　　表 4.2.1

σ_0/f_v	0.0	1.0	3.0	5.0	7.0	10.0	15.0
ζ_N	0.80	1.00	1.28	1.50	1.70	1.95	2.32

4.2.2 当隔开间或每开间设置，且墙段中有 2 根以上（包括 2 根）构造柱时，可考虑构造柱对截面抗震承载力的有利影响，按下式进行验算：

$$V \leqslant \frac{f_{vE} A_1}{\gamma_{RE}} \upsilon_0 \qquad (4.2.2-1)$$

$$A_1 = A_2 + \eta_c \frac{E_c}{E} A_c \qquad (4.2.2-2)$$

式中 A_1——墙段折算水平截面面积；

A_c——墙段构造柱混凝土水平截面积之和；

η_c——构造柱参予墙体工作系数。当 $H/B \geqslant 0.5$ 时，取 $\eta_c = 0.30$；当 $H/B < 0.5$ 时，取 $\eta_c = 0.26$；

H——墙段层间计算高度；

B——墙段计算宽度；

E_c——混凝土弹性模量；

E——砖砌体弹性模量。

4.2.3 设置构造柱的墙体进行抗震承载力验算时，墙段应按下列方法划分：

4.2.3.1 对于横墙，一般取同一轴线上的横墙为一墙段。如门洞高度超过本规程第 4.2.7 条的限值，或内走廊房屋穿过内走廊的圈梁或现浇混凝土带不是按第 3.2.4 条规定的局部加强者，则取门洞及走廊两侧的墙体各自为一墙段。

4.2.3.2 对于内、外纵墙，可选相邻两构造柱轴线间的墙体为一墙段，并按轴线将构造柱分成两半见图 4.2.3（a）。

对于相邻两构造柱间开洞较多的内纵墙，应按各洞间墙肢为一墙段进行第二次地震剪力分配见图 4.2.3（b）。

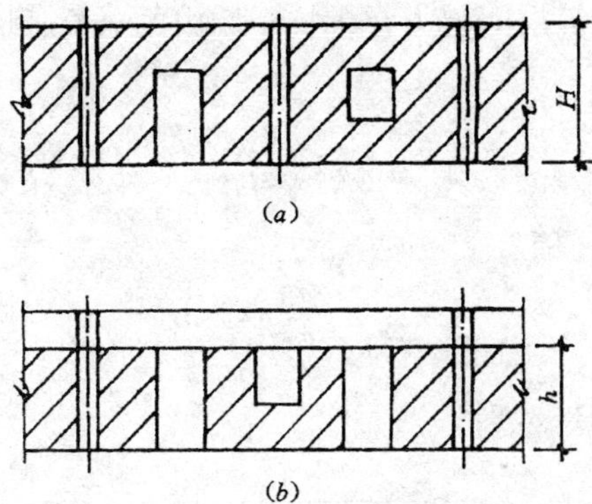

图 4.2.3 纵墙墙段划分示意图

4.2.3.3 一端或两端有构造柱，但该层墙体上部或下部无钢筋混凝土围梁的墙段，则作为无构造柱墙段考虑。

4.2.3.4 设置在墙段中的构造柱，当两侧均有不小于 1m 宽的砖墙体时，该柱可按中间柱考虑，η_c 应乘以 1.5。

4.2.4 采用高效保温材料填心的复合夹心墙多层砖房，当符合本规程第 5.4.1 条规定时，应以承重叶墙为计算单元进行截面抗震承载力验算。

4.2.5 设置构造柱和水平钢筋的粘土砖墙截面抗震承载力，应按下式验算：

$$V \leqslant \frac{1}{\gamma_{RE}}(f_{vE}A + 0.15 f_y A_s) \qquad (4.2.5-1)$$

当隔开间或每开间设置，且墙段中有 2 根以上构造柱时，截面抗震承载力可按下式验算：

$$V \leqslant \frac{1}{\gamma_{RE}}(f_{vE}A_1 + 0.15 f_y A_s) \qquad (4.2.5-2)$$

式中 f_y——钢筋抗拉强度设计值；

A_s——层间竖向截面中钢筋总截面面积。

4.2.6 对抗震墙截面的抗震承载力验算，可只选择不利墙段进行截面抗震承载力验算。

4.2.7 为了计算层间剪力在各抗震墙内的分配，墙段的刚度计算可按下式进行：

$$K_0 = \lambda_w \frac{GA_g}{H_\xi} \quad (4.2.7-1)$$

当 $H/B<1$ 时，

$$\lambda_w = \varphi_0 \frac{A_1}{A_g} \quad (4.2.7-2)$$

当 $1 \leqslant H/B \leqslant 4$ 时，

$$\lambda_w = \frac{\varphi_0}{\left(1 + \frac{GA_1}{\xi} \cdot \frac{H^2}{12EI_1}\right)} \quad (4.2.7-3)$$

当 $H/B>4$ 时，设置构造柱的墙段在刚度计算时可不考虑。

式中 ξ——因剪应力不均匀分布引起的对变形的影响系数，矩形截面取 1.2；

λ_w——墙段考虑开孔和弯曲作用影响的刚度修正系数；

I_1——水平截面积 A_c 按 E_c/E 折算后与砖墙净截面积 A_1 一起按工字形截面计算的惯性矩；

φ_0——开孔影响系数，按附录 A 表 A.0.1 取值；

G——砖砌体剪变模量，G 取 $0.4E$。

5 构 造 措 施

5.1 构 造 柱

5.1.1 多层粘土砖房设置构造柱最小截面可采用 240mm×180mm。纵向钢筋可采用 4ϕ12；箍筋采用 ϕ4～ϕ6，其间距不宜大于 250mm。

当设防烈度为 7 度时，多层砖房超过六层；8 度时多层砖房超过五层及 9 度时，构造柱的纵向钢筋宜采用 4ϕ14；箍筋间距不应大于 200mm。

房屋四角的构造柱截面和钢筋可适当增大。

为便于检查混凝土浇灌质量，应沿构造柱全高留有一定的混凝土外露面。若柱身外露有困难时，可利用马牙槎作为混凝土外露面见图 5.1.1。

5.1.2 构造柱必须与圈梁连接。在柱与圈梁相交的节点处应适当加密柱的箍筋，加密范围在圈梁上、下均不应小于 450mm 或 1/6 层高，箍筋间距不宜大于 100mm。

5.1.3 墙与构造柱连接处应砌成马牙槎，每一马牙槎高度不宜超过 300mm 见图 5.1.3，且应沿高每 500mm 设置 2ϕ6 水平拉结钢筋，每边伸入墙内不宜小于 1.0m。

5.1.4 构造柱可不必单独设置柱基或扩大基础面积。构造柱应伸入室外地面标高以下 500mm。

5.1.5 当构造柱设置在无横墙的进深梁墙垛处时，应将构造柱与进深梁连接。构造柱与现浇钢筋混凝土进深梁连接节点构造可按图 5.1.5（*a*）采用；与预制装配式进深梁连接节点构造可按图 5.1.5（*b*）采用；当使用预制装配式叠合梁时，连接节点构造可按图 5.1.5（*c*）采用。

5.1.6 与构造柱连接的进深梁跨度宜小于 6.6m。对截面高度大

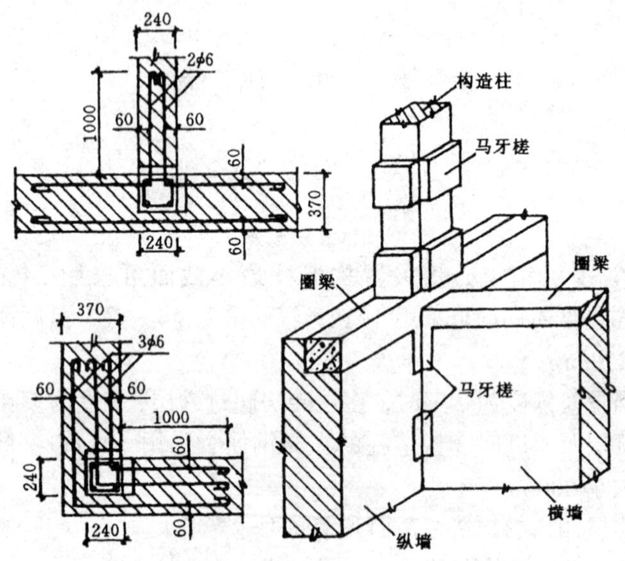

图 5.1.1 构造柱位置示意图

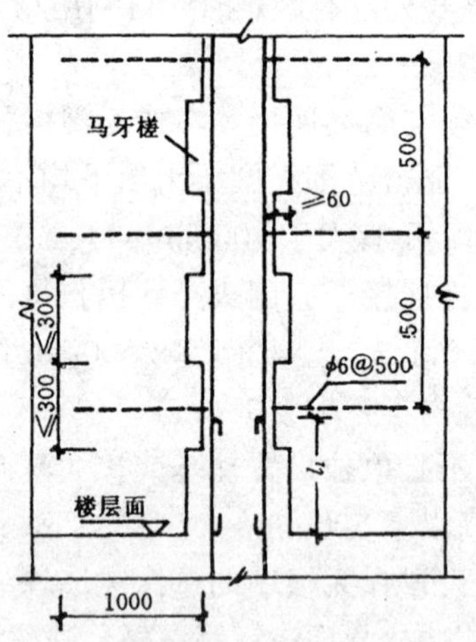

图 5.1.3 拉结钢筋布置及马牙槎示意图

注：拉结钢筋伸入墙内的长度是指从墙的马牙槎外齿边（即构造柱边）算起的长度。当墙上门窗洞边到构造柱边（即墙马牙槎外齿边）的长度小于1.0m时，则伸至洞边止。

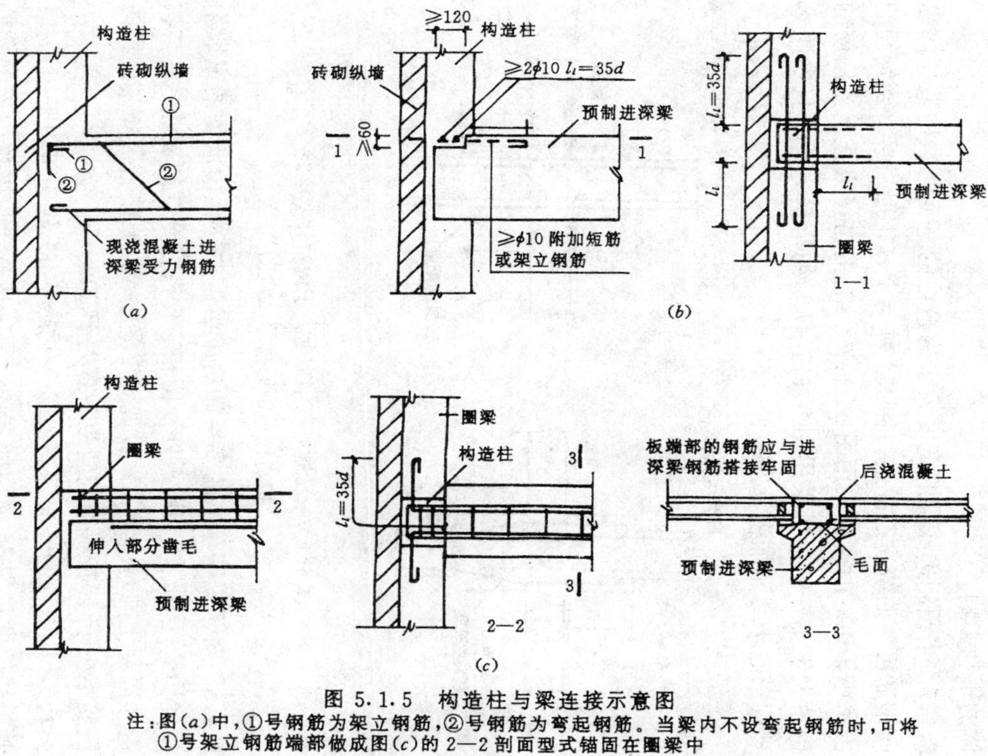

图 5.1.5 构造柱与梁连接示意图

注：图(a)中，①号钢筋为架立钢筋，②号钢筋为弯起钢筋。当梁内不设弯起钢筋时，可将①号架立钢筋端部做成图(c)的 2—2 剖面型式锚固在圈梁中

于300mm的进深梁，在梁端各1.5倍进深梁截面高度范围内宜加密箍筋。梁端进行局部抗压计算时，宜按砌体抗压强度考虑。当进深梁跨度大于6.6m时，应考虑构造柱处节点约束弯矩对墙体的不利影响。

5.1.7 当预制进深梁的宽度大于构造柱的宽度时，构造柱的纵向钢筋可弯曲绕过进深梁，伸入上柱与上柱钢筋搭接。当钢筋的折角小于1/6时，可采用图5. 1.7（*a*）的搭接方式。当钢筋的折角大于1/6时，可采用图5.1.7（*b*）的搭接方式，且参照本规程第5.1.2条加密箍筋。

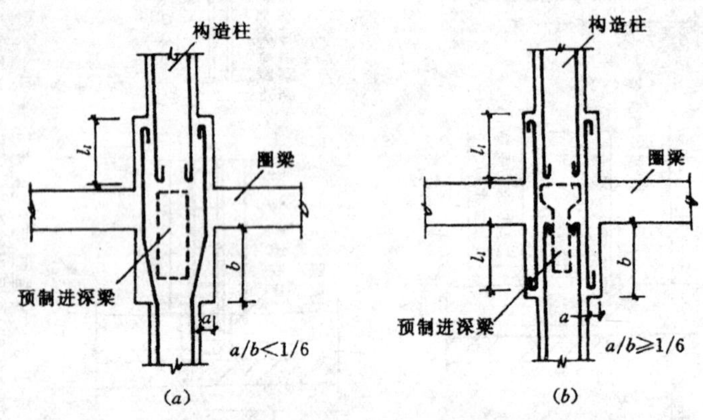

图5.1.7 预制进深梁宽度大于构造柱宽度时构造柱的钢筋搭接示意图

5.1.8 对于纵墙承重的多层砖房，当需要在无横墙处的纵墙中设置构造柱时，应在楼板处预留相应构造柱宽度的板缝，并与构造柱混凝土同时浇灌，做成现浇混凝土带。现浇混凝土带的纵向钢筋不少于4ϕ12，箍筋间距不宜大于200mm。

5.1.9 构造柱的竖向钢筋末端应作成弯钩，接头可以采用绑扎，其搭接长度宜为35倍钢筋直径。在搭接接头长度范围内的箍筋间距不应大于100mm。

5.1.10 斜交抗震墙交接处应增设构造柱，且构造柱有效截面面积不小于240mm×180mm。在斜交抗震墙段内设置的构造柱间距不宜大于抗震墙层间高度。

5.2 水平配筋

5.2.1 水平配筋砖抗震墙应选择合适的配筋用量。配筋率宜为0.07%～0.2%。

5.2.2 墙段内的水平钢筋宜沿层高均匀布置。

5.2.3 水平钢筋两端应制成直钩。墙段两端设置构造柱时，水平钢筋应锚入构造柱内；无构造柱墙段的水平钢筋应伸入与其相交的墙体内，伸入长度为40倍钢筋直径。

5.2.4 水平钢筋直径不宜超过6mm。当灰缝中的水平钢筋根数为2根及2根以上时，宜采用与其垂直的横向钢筋连接。横向钢筋直径不大于4mm，间距为300mm。对于240mm厚砖墙，一层灰缝内配筋不应多于3根；370mm厚砖墙的一层灰缝内配筋不宜多于4根。

5.3 底层框架—抗震墙砖房

5.3.1 底层框架砖房的第二层以上部分构造柱和圈梁的设置原则，应按本规程第三章的规定执行。

5.3.2 底层框架砖房的构造柱纵向钢筋宜锚固在底层框架柱内，钢筋锚固长度不小于35倍钢筋直径。当构造柱的纵向钢筋锚固在框架梁内时，除满足锚固长度外，还应对框架梁相应位置作适当加强。

5.3.3 底层框架砖房的底层楼盖采用装配整体式钢筋混凝土楼板时，应在预制楼板上先现浇厚度不小于40mm的细石混凝土，内放双向直径不小于4mm、间距不大于300mm的钢筋网片，然后再砌墙体。

5.3.4 底层框架砖房设置构造柱的截面不宜小于240mm×240mm，纵向钢筋不宜少于4ϕ14，箍筋间距不宜大于200mm。构造柱应与每层圈梁连接。

5.3.5 底层框架砖房上部承重砖墙及厚度不小于240mm的自承

重墙的中心线，宜同底层框架梁、抗震墙的中心线相重合；构造柱宜同框架柱上下贯通。

5.4 复 合 夹 心 墙

5.4.1 采用高效保温材料夹心墙体的多层砖房，除按表 3.1.2 要求设置构造柱外，还应对空腔两侧的叶墙之间采取可靠的连接措施。墙面连接钢筋采用梅花形布置，沿高间距不大于 500mm，水平间距不大于 1000mm。连接钢筋端头制成直角，端头距墙面为 60mm，钢筋直径为 6mm；非承重叶墙与构造技之间应沿高设置 2ϕ6 水平拉结钢筋，间距不大于 500mm 见图 5.4.1。

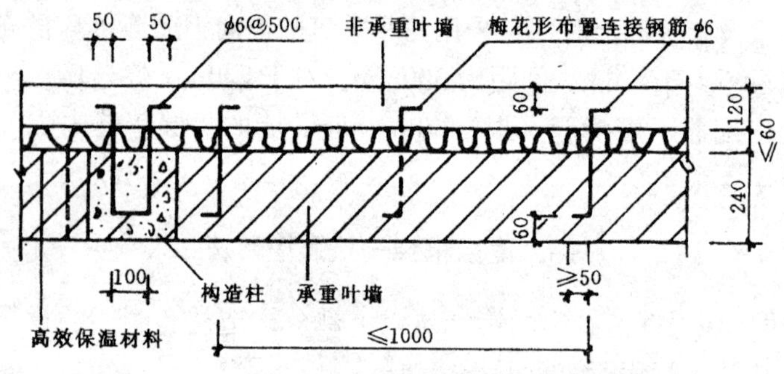

图 5.4.1 复合夹心墙连接钢筋布置

5.4.2 复合夹心墙的钢筋混凝土围梁布置应满足第 3.2.2 条的要求。圈梁截面应跨过复合夹心墙的空腔见图 5.4.2。

5.4.3 复合夹心墙的空腔宽度不宜大于 80mm，空腔两侧的承重叶墙厚度不应小于 240mm，非承重叶墙厚度不应小于 120mm。叶墙的砌筑砂浆不应小于 M5。

5.4.4 复合夹心墙宜从室内地面标高以下 240mm 开始砌筑，从此至房屋楼板或其它水平支点间的距离为复合夹心墙的受压构件计算高度。非承重叶墙高厚比应满足《砌体结构设计规范》GBJ 3—88 的允许高厚比值。

5.4.5 复合夹心墙的窗（门）洞口四边可采用丁砖或钢筋连接空腔两侧的叶墙。沿窗(门)洞口边的连接钢筋采用 ϕ6，间距 300mm。连接丁砖的强度等级不宜低于 MU10，丁砖竖向间距为 1 皮砖的厚度，窗洞下边的丁砖应通长砌筑，且用高强度等级的砂浆灌缝。

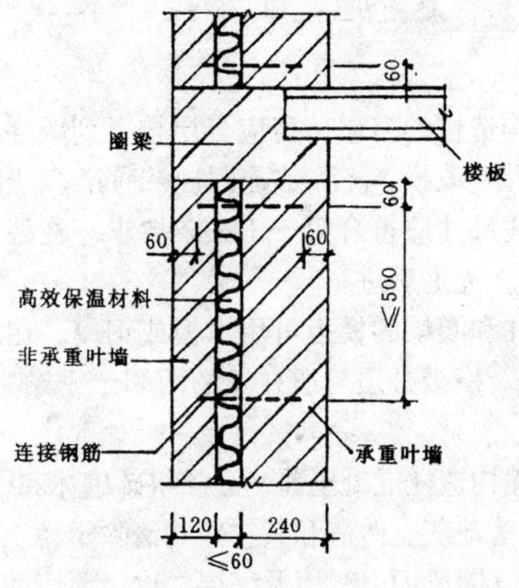

图 5.4.2　复合夹心墙圈梁示意图

6 施 工 技 术

6.0.1 设置构造柱的多层砖房应分层按下列顺序进行施工：绑扎钢筋、砌砖墙、支模、浇灌混凝土柱。钢筋混凝土圈梁应现浇。

6.0.2 马牙槎尺寸应符合第5.1.3条要求。在墙体施工中，从每层柱脚开始，先退后进。

6.0.3 构造柱和圈梁的模板可用木模或钢模。在每层砖墙砌好后，立即支模。模板必须与所在墙的两侧严密贴紧，支撑牢靠，防止板缝漏浆。

6.0.4 在浇灌构造柱混凝土前，必须将砖砌体和模板浇水润湿，并将模板内的落地灰、砖渣和其它杂物清除干净。在砌墙时，应在各层柱底部（圈梁面上）以及该层二次浇灌段的下端位置，留出2皮砖的洞眼，以便清除模板内的落地灰、砖渣和其它杂物。清除完毕应立即封闭洞眼。

6.0.5 构造柱的混凝土坍落度宜为50～70mm，以保证浇捣密实。亦可根据施工条件、季节不同，在保证浇捣密实的情况下加以调整。混凝土随拌随用，拌合好的混凝土应在1.5h内浇灌完，超过1.5h的混凝上不得使用，并不得再次拌合后使用。

6.0.6 构造柱的混凝土浇灌可以分段进行，每段高度不宜大于2.0m。在施工条件较好并能确保浇灌密实时，亦可每层一次浇灌。预制大梁、圈梁和柱的接头处，则必须在同一层内一次浇灌。

6.0.7 浇捣构造柱混凝土时，宜用插入式振捣棒，分层捣实。振捣棒随振随拔，每次振捣层的厚度不应超过振捣棒长度的1.25倍。振捣时，振捣棒应避免直接碰触砖墙，并严禁通过砖墙传振。

6.0.8 钢筋应除锈、调直。对预留的伸出钢筋，不应在施工中任意弯折。如有歪斜，应在浇灌混凝土前校正到准确位置。箍筋应按要求位置与坚筋用金属丝绑扎牢固。

复合夹心墙的连接钢筋应采取有效防锈措施。

6.0.9 在冬期施工时，要注意清除模板内和砖上的冰碴。混凝土外加剂的选择和掺量须按有关规定确定。对已浇好的混凝土，要采用保温措施，避免受冻。

6.0.10 施工时应有防雨措施，下雨时不宜露天浇灌混凝土。未下雨而露天浇灌的混凝土也要及时覆盖，以防雨水冲刷。要特别注意根据露天料场砂石含水量的变化，调整水灰比，确保混凝土的强度。

6.0.11 在砌完一层墙后和浇灌该层柱混凝土前，应及时对已砌好的独立墙片加稳定支撑。必须在该层柱混凝土浇完之后，才能进行上一层的施工。

6.0.12 施工质量应符合下列要求：

6.0.12.1 柱与墙连接的马牙楼内的混凝土、砖墙灰缝的砂浆，都必须密实饱满。水平灰缝砂浆饱满度不得低于80%。

同强度等级的混凝土或砂浆的强度平均值不得低于强度设计值。任意一组试件的最小值，对于混凝土，不得低于强度标准值的95%；对于砂浆，不得低于强度标准值的80%。混凝土试件强度的平均值不得低于强度标准值的115%。

有关砖砌体的砌筑方法、灰缝质量和尺寸允许偏差，均按照现行砌体工程施工及验收的有关规定执行。

6.0.12.2 构造柱从基础到顶层必须垂直，对准轴线，其尺寸的允许偏差见表6.0.12。在逐层安装模板前，必须根据柱轴线随时校正竖筋的位置和垂直度。

构造柱混凝土保护层直为20mm，且不小于15mm。

6.0.13 预制进深梁的梁垫可与构造柱的混凝土同时浇灌。现浇混凝土进深梁与梁垫应分开浇灌。大跨度预制进深梁在楼（屋）盖板安装后，宜浇灌与其连接的混凝土围梁。

6.0.14 房屋两端外横墙（山墙）不宜开施工洞口。在单元分隔墙上开设的施工洞口应预留水平拉结钢筋。

构造柱尺寸允许偏差　　　　表 6.0.12

<table>
<tr><th>项次</th><th colspan="3">项　目</th><th>允许偏差（mm）</th><th>检查方法</th></tr>
<tr><td>1</td><td colspan="3">柱中心线位置</td><td>10</td><td>用经纬仪检查</td></tr>
<tr><td>2</td><td colspan="3">柱层间错位</td><td>8</td><td>用经纬仪检查</td></tr>
<tr><td rowspan="3">3</td><td rowspan="3">柱垂直度</td><td colspan="2">每层</td><td>10</td><td>用吊线法检查</td></tr>
<tr><td rowspan="2">全高</td><td>10m 以下</td><td>15</td><td>用经纬仪或吊线法检查</td></tr>
<tr><td>10m 以上</td><td>20</td><td>用经纬仪或吊线法检查</td></tr>
</table>

6.0.15　当采用预制楼梯时，楼梯梁（平台）不应在墙中预留洞口。严禁在抗震墙上剔凿洞口。

6.0.16　复合夹心墙的施工应符合下列要求：

6.0.16.1　复合夹心墙的施工顺序为：在沿夹心墙高度设置的连接钢筋间距范围内，宜先砌筑承重叶墙，清除墙面多余砂浆后，安装高效保温材料，再砌筑非承重叶墙，然后铺置连接钢筋。

6.0.16.2　非承重叶墙采用清水墙作为外饰面时，其勾缝砂浆的水泥与砂浆之比不应低于 1∶1。

6.0.16.3　安装高效保温材料时，相邻保温材料之间应排放紧密，局部空隙最大宽度不应大于 10mm，空隙长度之和不应大于保温材料边长的 30%。

附录A　墙段开孔影响系数

A.0.1　墙段开孔影响系数 φ_0，按表A.0.1采用。

墙段开孔影响系数　　**表A.0.1**

Δ_p	0.9	0.8	0.7	0.6	0.5	0.4
φ_0	0.98	0.94	0.88	0.76	0.68	0.56

注：Δ_p 为孔洞系数，$\Delta_p = A/A_g$

表A.0.1中，开孔影响系数的适用范围如下：

（1）门洞高度不超过墙段层间计算高度的80%；

（2）内墙门、窗洞边离墙段端部净距离不小于500mm；

（3）当窗洞高度大于墙段高的50%时，与开门洞同样处理；当小于墙段高50%时，φ_0 值可乘1.1；当 λ_w 大于1.0时，φ_0 值取1.0；

（4）在同一墙段内开有两个洞口，且洞间距离小于500mm时，洞间墙亦作为开孔处理见图A.0.1（a）。

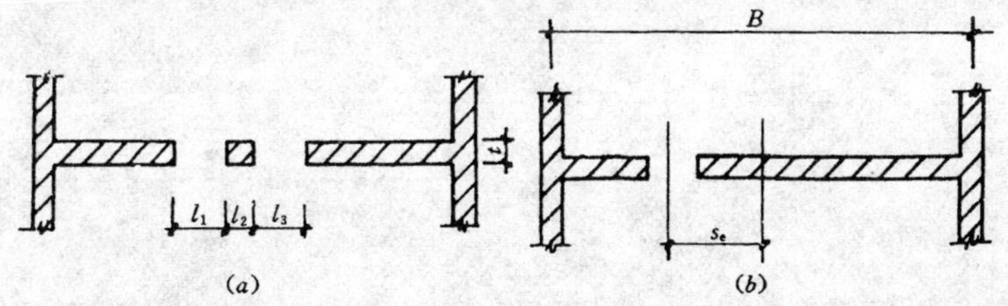

图A.0.1　开孔计算示意图

注：①当 $l_2 \geqslant 500$mm时，孔洞面积 =（$l_1 + l_3$）t；

当 $l_2 < 500$mm时，孔洞面积 =（$l_1 + l_2 + l_3$）t。

②当 $s_e \leqslant B/4$ 时，不作偏孔洞处理；

当 $s_e > B/4$ 时，应作偏孔洞处理，φ_0 值应乘以0.9。

本规程主编单位、参加单位和主要起草人名单

主 编 单 位：中国建筑科学研究院

参 加 单 位：大连理工大学

国家地震局工程力学研究所

北京市建筑设计院

上海建筑材料工业学院

空军工程设计研究局

辽宁省建筑设计院

主要起草人：龚思礼　刘立泉　刘　雯　吴明舜　张前国

邬瑞锋　周炳章　郑　伟　奚肖凤　夏敬谦

黄泉生　曹骏一　解明雨

六、混凝土小型空心砌块建筑技术规程

JGJ/T 14—95

（摘录）

第六章　施　工　和　验　收

6.1　施　工　准　备

6.1.1　小砌块应按现行国家标准《混凝土小型空心砌块》GB 8239及出厂合格证进行验收，必要时，可现场取样进行检验。

6.1.2　装卸小砌块时，严禁倾卸丢掷，并应堆放整齐。

6.1.3　堆放小砌块应符合下列要求：

6.1.3.1　运到现场的小砌块，应分规格分等级堆放，堆垛上应设标志，堆放现场必须平整，并作好排水；

6.1.3.2　小砌块的堆放高度不宜超过1.6m，堆垛之间应保持适当的通道。

6.1.4　基础施工前，应用钢尺校核房屋的放线尺寸。其允许偏差不应超过表6.1.4的规定。

房屋放线尺寸允许偏差　　　　**表6.1.4**

长度 L，宽度 B 的尺寸（m）	允许偏差（mm）
L（B）≤30	±5
3＜L（B）≤60	±10
60＜L（B）≤60	±15
L（B）＞90	±20

6.1.5　砌完基础后，应在两侧同时填土，并应分层夯实；当两侧填土的高度不等或仅能在一侧填土时（如地下室墙等），其填土时间、施工方法、顺序应保证砌体不致破坏或变形。

6.1.6　砌筑底层墙体前，应对基础进行检查，符合要求后方可施工，并应根据砌块尺寸和灰缝厚度计算皮数和排数。

6.1.7　普通混凝土小砌块不宜浇水；当天气干燥炎热时，可在砌块上稍加喷水润湿；轻骨料混凝土小砌块施工前可洒水，但不宜过多。

6.2 施工基本要求

6.2.1 砌筑墙体时，应遵守下列基本规定：

6.2.1.1 龄期不足28d及潮湿的小砌块不得进行砌筑；

6.2.1.2 应在房屋四角或楼梯间转角处设立皮数杆，皮数杆间距不宜超过15m；

6.2.1.3 应尽量采用主规格小砌块，小砌块的强度等级应符合设计要求，并应清除小砌块表面污物和芯柱用小砌块孔洞底部的毛边；

6.2.1.4 从转角或定位处开始，内外墙同时砌筑，纵横墙交错搭接；外墙转角处严禁留直搓，宜从两个方面同时砌筑；墙体临时间断处应砌成斜搓，斜搓长度不应小于高度的2/3（一般按一步脚手架高度控制）；如留斜槎有困难，除外墙转角处及抗震设防地区，墙体临时间断处不应留直搓外，可从墙面伸出200mm砌成阴阳搓，并沿墙高每三皮砌块（600mm），设拉结筋或钢筋网片。接槎部位宜延至门窗洞口；

6.2.1.5 应对孔错缝搭砌。个别情况当无法对孔砌筑时，普通混凝土小砌块的搭接长度不应小于90mm，轻骨料混凝土小砌块不应小于120mm；当不能保证此规定时，应在灰缝中设置拉结钢筋或网片；

6.2.1.6 承重墙体不得采用小砌块与粘土砖等其他块体材料混合砌筑；

6.2.1.7 严禁使用断裂小砌块或壁肋中有竖向凹形裂缝的小砌块砌筑承重墙体。

6.2.2 砌体的灰缝应符合下列规定：

6.2.2.1 砌体灰缝应横平竖直，全部灰缝均应铺填砂浆；水平灰缝的砂浆饱满度不得低于90%；竖缝的砂浆饱满度不得低于80%；砌筑中不得出现瞎缝、透明缝；砌筑砂浆强度未达到设计要求的70%时，不得拆除过梁底部的模板；

6.2.2.2 砌体的水平灰缝厚度和竖直灰缝宽度应控制在8～

12mm，砌筑时的铺灰长度不得超过 800mm；严禁用水冲浆灌缝；

6.2.2.3 当缺少辅助规格小砌块时，墙体通缝不应超过两皮砌块；

6.2.2.4 清水墙面，应随砌随勾缝，并要求光滑、密实、平整；

6.2.2.5 拉结钢筋或网片必须放置于灰缝的芯柱内，不得漏放，其外露部分不得随意弯折。

6.2.3 砂浆的强度等级和品种必须符合要求。砌筑砂浆必须搅拌均匀，随拌随用，盛入灰槽（盆）内的砂浆如有泌水现象时，应在砌筑前重新拌和。水泥砂浆和水泥混合砂浆应分别在拌成后 3h 和 4h 内用完，施工期间最高气温超过 30℃，必须分别在 2h 和 3h 内用完。砂浆稠度，用于普通混凝土小砌块时宜为 50mm，用于轻骨料混凝土小砌块时宜为 70mm。

6.2.4 混凝土及砌筑砂浆用的水泥、水、骨料、外加剂等必须符合现行国家标准和有关规定。

每一楼层或 250m^2 的砌体，每种强度等级的砂浆至少制作两组（每组 6 个）试块，每层楼每种强度等级的混凝土至少制作一组（每组 3 个）试块。

6.2.5 需要移动已砌好砌体的小砌块或被撞动的小砌块时，应重新铺浆砌筑。

6.2.6 小砌块用于框架填充墙时，应与框架中预埋的拉结筋连接，当填充墙砌至顶面最后一皮，与上部结构的接触处宜用实心小砌块斜砌楔紧。

6.2.7 对设计规定的洞口、管道、沟槽和预埋件等，应在砌筑时预留或预埋，严禁在砌好的墙体上打凿。在小砌块墙体中不得预留水平沟槽。

6.2.8 基础防潮层的顶面，应将污物泥土除尽后，方能砌筑上面的砌体。

6.2.9 砌体内不宜设脚手眼；如必须设置时，可用 190mm×

190mm×190mm 小砌块侧砌，利用其孔洞作脚手眼，砌体完工后用 C15 混凝土填实。但在墙体下列部位不得设置脚手眼：

6.2.9.1 过梁上部，与过梁成 60°角的三角形及过梁跨度 1/2 范围内；

6.2.9.2 宽度不大于 800mm 的窗间墙；

6.2.9.3 梁和梁垫下及其左右各 500mm 的范围内；

6.2.9.4 门窗洞口两侧 200mm 内和墙体交接处 400mm 的范围内；

6.2.9.5 设计规定不允许设脚手眼的部位。

6.2.10 对墙体表面的平整度和垂直度、灰缝的厚度和饱满度应随时检查，校正偏差。在砌完每一楼层后，应校核墙体的轴线尺寸和标高，允许范围内的轴线及标高的偏差，可在楼板面上予以校正。

6.2.11 砌体相邻工作段的高度差不得大于一个楼层或 4m。

6.2.12 伸缩缝、沉降缝、防震缝中夹杂的落灰与杂物应清除。

6.2.13 雨季施工应有防雨措施；雨后继续施工，应复核墙体的垂直度。

6.2.14 安装预制梁板时，必须座浆垫平。

6.2.15 施工中需要在砌体中设置的临时施工洞口，其侧边离交接处的墙面不应小于 600mm，并在顶部设过梁；填砌施工洞口的砌筑砂浆强度等级应提高一级。

6.2.16 砌筑高度应根据气温、风压、墙体部位及小砌块材质等不同情况分别控制。常温条件下的日砌筑高度，普通混凝土小砌块控制在 1.8m 内；轻骨料混凝土小砌块控制在 2.4m 内。

6.3 芯　柱

6.3.1 芯柱施工应遵守下列规定：

6.3.1.1 芯柱部位宜采用不封底的通孔小砌块，当采用半封底小砌块时，砌筑前必须打掉孔洞毛边；

6.3.1.2 在楼（地）面砌筑第一皮小砌块时，在芯柱部位，应用开口砌块（或U型砌块）砌出操作孔，在操作孔侧面宜预留连通孔，必须清除芯柱孔洞内的杂物及削掉孔内凸出的砂浆，用水冲洗干净，校正钢筋位置并绑扎或焊接固定后，方可浇灌混凝土；

6.3.1.3 芯柱钢筋应与基础或基础梁中的预埋钢筋连接，上下楼层的钢筋可在楼板面上搭接，搭接长度不应小40d；

6.3.1.4 砌完一个楼层高度后，应连续浇灌芯柱混凝土。每浇灌400～500mm高度捣实一次，或边浇灌边捣实。浇灌混凝土前，先注入适量水泥浆；严禁灌满一个楼层后再捣实，宜采用机械捣实；混凝土坍落度不应小于50mm。

6.3.1.5 芯柱与圈梁应整体现浇，如采用槽形小砌块作圈梁模壳时，其底部必须留出芯柱通过的孔洞；

6.3.1.6 楼板在芯柱部位应留缺口，保证芯柱贯通；

6.3.1.7 砌筑砂浆必须达到一定强度后（$f_2 \geqslant 1.0$MPa）方可浇灌芯柱混凝土。

6.3.2 芯柱施工中，应设专人检查混凝土灌入量，认可之后，方可继续施工。

6.4 冬 期 施 工

6.4.1 砌体冬期施工应遵守下列基本规定：

6.4.1.1 不得使用水浸后受冻的小砌块。砌筑前应清除冰雪等冻结物。小砌块工程冬期施工不得采用冻结法。

6.4.1.2 砌筑砂浆宜采用普通硅酸盐水泥拌制；砂内不得含有冰块和直径大于10mm的冻结块；石灰膏等应防止受冻，如遭冻结，应经融化后方可使用。拌合砂浆时，水的温度不得超过80℃；拌和抗冻砂浆使用的外加剂，掺量需经试验确定，不得随意变更掺量。

6.4.1.3 当日最低气温高于或等于－15℃时，采用抗冻砂浆的强度等级应按常温施工提高一级；气温低于－15℃时，不得进行砌块的组砌。

6.4.1.4 每日砌筑后，应使用保温材料覆盖新砌砌体。

6.4.1.5 解冻期间应对砌体进行观察，当发现裂缝、不均匀下沉等情况时，应分析原因并采取措施。

6.4.2 芯柱、圈梁等混凝土工程冬期施工应符合现行国家标准《混凝土工程施工及验收规范》GB 50204 冬期施工要求。

6.5 砌体工程质量标准

6.5.1 砌体工程的质量标准应按现行国家标准《建筑工程质量检验评定标准》GBJ 301 执行。

6.5.2 砌体尺寸和位置的允许偏差，应符合表 6.5.2 的规定。

砌体的允许偏差 **表 6.5.2**

<table>
<tr><th>序号</th><th colspan="3">项　目</th><th>允许偏差（mm）</th><th>检查方法</th></tr>
<tr><td>1</td><td colspan="3">轴线位移</td><td>10</td><td>用经纬仪或拉线和尺检查</td></tr>
<tr><td>2</td><td colspan="3">基础顶面或楼面标高</td><td>±15</td><td>用水准仪或尺检查</td></tr>
<tr><td rowspan="3">3</td><td rowspan="3">墙面垂直度</td><td colspan="2">每　层</td><td>5</td><td>用吊线法检查</td></tr>
<tr><td rowspan="2">全　高</td><td>≤10m</td><td>10</td><td rowspan="2">用经纬仪或吊线和尺检查</td></tr>
<tr><td>>10m</td><td>20</td></tr>
<tr><td rowspan="2">4</td><td rowspan="2">表面平整度</td><td colspan="2">清水墙、柱</td><td>5</td><td rowspan="2">用 2m 靠尺检查</td></tr>
<tr><td colspan="2">混水墙、柱</td><td>8</td></tr>
<tr><td rowspan="2">5</td><td rowspan="2">水平灰缝平直度</td><td colspan="2">清水墙 10m 以内</td><td>7</td><td rowspan="2">拉 10m 线和尺检查</td></tr>
<tr><td colspan="2">混水墙 10m 以内</td><td>10</td></tr>
<tr><td>6</td><td colspan="3">水平灰缝厚度(连续 5 皮砌块累计数)</td><td>±10</td><td rowspan="5">用尺量检查</td></tr>
<tr><td>7</td><td colspan="3">垂直灰缝宽度（连续 5 皮砌块累计数）包括凹面深度</td><td>±5</td></tr>
<tr><td rowspan="2">8</td><td rowspan="2">门窗洞口（后塞框）</td><td colspan="2">宽　度</td><td>±5</td></tr>
<tr><td colspan="2">高　度</td><td>+15
−5</td></tr>
</table>

6.6 砌体工程验收

6.6.1 对下列项目应进行隐蔽工程验收：

6.6.1.1 基础；

6.6.1.2 防潮层；

6.6.1.3 沉降缝、伸缩缝；

6.6.1.4 预埋拉结钢筋、网片及其节点焊接；

6.6.1.5 芯柱部位（钢筋混凝土芯柱及混凝土芯柱）；

6.6.1.6 梁和屋架支承处的垫块；

6.6.1.7 其他隐蔽工程。

6.6.2 砌体工程验收，应提供下列各项资料并作为评定工程质量主要依据：

6.6.2.1 隐蔽工程验收记录；

6.6.2.2 小砌块、钢筋混凝土预制构件的出厂合格证；砂浆、混凝土试件及其他材料的检验资料；

6.6.2.3 重大技术问题的处理或变更设计的技术文件；

6.6.2.4 结构尺寸和位置的偏差和记录；

6.6.2.5 其他必须检查的项目；

6.6.2.6 对有特殊要求的工程项目应单独验收。

七、砌体基本力学性能试验方法标准

GBJ 129—90

主编部门：四 川 省 建 设 委 员 会
批准部门：中华人民共和国建设部
施行日期：1 9 9 1 年 1 月 1 日

关于发布国家标准《砌体基本力学性能试验方法标准》的通知

（90）建标字 177 号

根据原国家建委（81）建发设字 546 号文和国家计委计综［1984］305 号文的通知，修订《砖石结构设计规范》，后经国家计委原标准定额局安排，将该规范中的力学性能试验方法进行补充和完善，并单独列为一项标准，为《砌体基本力学性能试验方法标准》，由四川省建筑科学研究院会同有关单位制订，已经有关部门会审。现批准《砌体基本力学性能试验方法标准》（GBJ 129—90）为国家标准，自一九九一年一月一日起施行。

本标准由四川省建设委员会管理，其具体解释等工作由四川省建筑科学研究院负责。出版发行由建设部标准定额研究所负责组织。

建设部

1990 年 4 月 19 日

编制说明

本标准是根据原国家建委（81）建发设字第（546）号文和国家计委计综字［1984］305号文的通知，修订《砖石结构设计规范》，后经国家计委原标准定额局安排，将该规范中的力学性能试验方法进行补充和完善，并单独列为一项标准，由四川省建筑科学研究院会同有关单位共同编制的。在本标准编制过程中，标准编制组进行了广泛的调查研究，认真总结我国在砌体工程施工、设计和生产使用方面的实践经验，参考了有关国际标准和国外先进标准，针对主要技术问题开展了科学研究与试验验证工作，并广泛征求了全国有关单位的意见。最后，由我委会同有关部门审查定稿。

本标准的主要内容有：试件砌筑和试验的基本规定，砌体抗压试验方法，砌体抗剪试验方法和砌体弯曲抗拉试验方法等。

鉴于本规范系初次编制，在施行过程中，请各单位结合实际，认真总结经验，注意积累资料，如发现需要修改和补充之处，请将意见和有关资料寄送四川省建筑科学研究院（四川省成都市梁家巷），以便今后修订时参考。

四川省建设委员会

1990年4月

目　录

第一章　总　则

第 1.0.1 条　为了统一砌体基本力学性能的试验方法，使其试验数据准确可靠，具有可比性，保证检验砌体工程的施工质量，特制定本标准。

第 1.0.2 条　本标准适用于工业与民用建筑的砌体力学性能试验与检验。

第 1.0.3 条　本标准砌体试件所用的块体材料为砖、砌块、料石和毛石。有关块体材料的力学性能，应按现行国家有关标准进行检验。

第 1.0.4 条　砌体基本力学性能的试验，除应遵守本标准的规定外，尚应符合现行国家标准的有关规定。

第二章　试件砌筑和试验的基本规定

第 2.0.1 条　砌体试验，按照试验用途可分为研究性试验和检验性试验两类。

研究性试验的试件组数及每组试件的数量，应按专门的试验设计确定。

检验性试验的试件组数及每组试件的数量，应由检测单位规定。但在同等条件下，每组试件的数量，对于抗压试验，不应少于 3 件；对于抗剪和抗弯试验，不应少于 6 件。

第 2.0.2 条　砌体试件的砌筑，除应符合现行国家标准《砖石工程施工及验收规范》的规定外，尚应符合下列要求：

一、对同等级砂浆或同一对比组的试件，应由一名中等技术水平的瓦工，采用分层流水作业法砌筑，并应使每盘砂浆均匀地用于各个试件；对于检验施工质量的砌体试件，尚应在现场砌筑。

二、抗剪或抗弯试件砌筑完毕，应立即在其顶部平压四皮砖或一皮砌块，平压时间不应少于 14d。

三、每盘砂浆应制作一组砂浆试件，每组试件的数量不应少于 6 件。但对同等级同类别砂浆的砌体试件，砂浆试件组数不应少于两组。如果需用砂浆试件强度控制砌体试件的养护时间，组数宜增加 1～2 组。

四、砌体试件和砂浆试件，应在室内自然条件下养护 28d 后，同时进行试验。当日平均气温低于 16℃ 时，尚应适当延长养护时间。

五、砌体试件的砌筑过程中，应随时检查砂浆饱满度。当试验后检查时，对于抗压试件，每组应选 3 件，每件检查 3 个块体；对于抗剪或抗弯试件，应对每个破坏截面进行检查。

第 2.0.3 条　砌体基本力学性能的各项试验结果，当需要采用统计指标表示时，应按下列公式进行计算。当试件数量较少时，仅计算均值。

一、均值：$m_{x}=\frac{1}{n}\sum_{i=1}^{n}x_i$ (2.0.3-1)

二、标准差：$s=\sqrt{\frac{1}{n}\sum_{i=1}^{n}(x_i-m_{x})^2}$ (2.0.3-2)

三、变异系数（以百分率计）：

$$\delta=\frac{s}{m_{x}}\times100\% \qquad (2.0.3-3)$$

式中 x_i——试件强度的测定值（N/mm^2）；

n——一组砌体试件的数量。

第 2.0.4 条 试验采用的加荷架、荷载分配梁等设备，应有足够的强度和刚度。其测量仪表的示值相对误差，应为 2%。

第 2.0.5 条 试件的砌筑和试验，应采取确保人身安全和防止仪表损坏的安全措施。

第三章　砌体抗压强度试验方法

第一节　试　　件

第 3.1.1 条　对外形尺寸为 240mm×115mm×53mm 的普通砖，其砌体抗压试件尺寸（厚度×宽度×高度），应采用 240mm×370mm×720mm。非普通砖的砌体抗压试件，其截面尺寸可稍作调整。但高度应按高厚比 β 等于 3 确定。试件厚度和宽度的制作允许误差，应为 ±5mm。

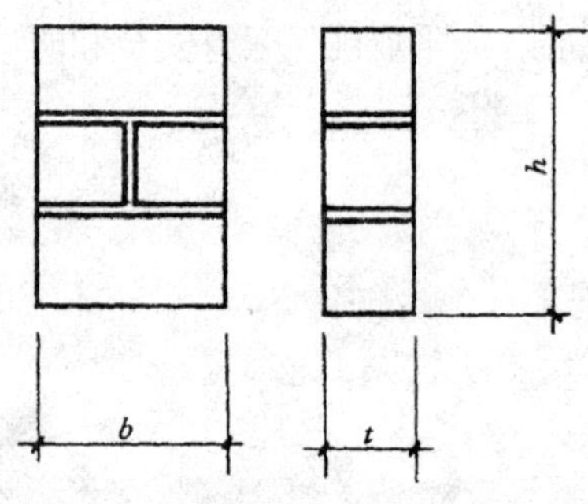

图 3.1.1　中、小型砌块砌体抗压试件

中、小型砌块的砌体抗压试件，其厚度应为砌块厚度；宽度应为主规格砌块的长度；高度应为三皮砌块高加灰缝厚度。中间一皮砌块应有一条竖向灰缝见图 3.1.1。

料石砌体抗压试件的厚度应为 200～250mm，宽度应为 350～400mm；毛石砌体抗压试件的厚度应为 400mm，宽度应为 700～800mm；两类试件的高度均应按高厚比 β 等于 3 确定。料石砌体试件的中间一皮石块，应有一条竖向灰缝。

第 3.1.2 条　各类砌体抗压试件应砌筑在带吊钩的刚性垫板或厚度不小于 10mm 的钢垫板上。垫板应找平；试件顶部宜采用厚度为 10mm 的 1∶3 水泥砂浆找平，并应采用水平尺检查其平整度。

第二节 试 验 步 骤

第3.2.1条 砌体抗压试验之前的准备工作，应符合下列规定：

一、试件应作外观检查，当有碰撞或其他损伤痕迹时，应作记录；当试件破损严重时。应舍去该试件。

二、在试件四个侧面上，应画出竖向中线。

三、在试件高度的1/4、1/2和3/4处，应分别测量试件的宽度与厚度，测量精度应为1mm。测量结果应采用平均值。试件的高度，应以垫板顶面为基准，量至找平层顶面确定。

四、试件的安装，应先将试件吊起，消除粘在垫板下的杂物，然后置于试验机的下压板上。当试验机的上、下压板小于试件截面尺寸时，应加设刚性垫板；当试件承压面与试验机压板的接触不均匀紧密时，尚应垫平。试件就位时，应使试件四个侧面的竖向中线对准试验机的轴线。

五、仪表的安装，当测量试件的轴向变形值时，应在试件两个宽侧面的竖向中线上，通过粘附于试件表面的表座，安装千分表或其他测量变形的仪表。测点间的距离，宜为试件高度的1/3，且为一个块体厚加一条灰缝厚的倍数。当测量试件的横向变形时，应在宽侧面的水平中线上安装仪表，测点与试件边缘的距离不应小于50mm。

六、对试件施加预估破坏荷载5%时，应检查仪表的灵敏性和安装的牢固性。

第3.2.2条 对不需测量变形值的试件，可采用几何对中、分级施加荷载方法。每级的荷载，应为预估破坏荷载值的10%，并应在1～1.5min内均匀加完；恒荷1～2min后施加下一级荷载。施加荷载时，不得冲击试件。加荷至预估破坏荷载值的80%后，应按原定加荷速度连续加荷，直至试件破坏。当试件裂缝急剧扩展和增多，试验机的测力计指针明显回退时，应定为该试件丧失承载能力而达到破坏状态。其最大荷载读数应为该试件的破坏荷载值。

第3.2.3条 对需要测量变形值、确定砌体弹性模量的试件，宜采用物理对中、分级施加荷载方法。在预估破坏荷载值的5%～20%区间内，应反复预压3～5次。两个宽侧面轴向变形值的相对误差，不应超过10%。当超过时，应重新调整试件位置或垫平试件。预压后，应卸荷并将千分表指针调拨至零点，按本标准第3.2.2条规定的施加荷载方法逐级加荷，并应同时测记变形值。当加荷至预估破坏荷载值的80%时，应拆除仪表，然后将试件连续加荷至破坏。

注：预估破坏荷载值，可按试探性试验确定，也可按现行国家标准《砌体结构设计规范》的公式计算。

第3.2.4条 试验过程中，应观察和捕捉第一条受力的发丝裂缝，并应记录初裂荷载值。对安装有变形测量仪表的试件，应观察变形值突然增大时可能出现的裂缝。荷载逐级增加时，应观察和描绘裂缝发展情况。试件破坏后，应立即绘制裂缝图和记录破坏特征。

第三节 结 果 计 算

第3.3.1条 单个试件的抗压强度 $f_{c,m}$，应按下式计算，其计算结果取值应精确至0.1N/mm^2：

$$f_{c,m}=\frac{N}{A} \tag{3.3.1}$$

式中 $f_{c,m}$——试件的抗压强度（N/mm^2）；

N——试件的抗压破坏荷载值（N）；

A——试件的截面面积（mm^2），按本标准第3.2.1条测得的试件平均宽度和平均厚度计算。

第3.3.2条 单个试件的弹性模量 E 值、泊松比 ν 的实测值，应按下列步骤计算：

一、逐级荷载下的轴向应变 ε 和横向应变 ε_{tr}，应按下列公式计算：

$$\varepsilon=\frac{\Delta l}{l} \tag{3.3.2-1}$$

$$\varepsilon_{\mathrm{tr}}=\frac{\Delta l_{\mathrm{tr}}}{l_{\mathrm{tr}}} \tag{3.3.2-2}$$

式中　ε——逐级荷载下的轴向应变值；

$\varepsilon_{\mathrm{tr}}$——逐级荷载下的横向应变值；

Δl，Δl_{tr}——分别为逐级荷载下的轴向和横向变形值（mm）；

l，l_{tr}——分别为轴向和横向测点间的间距（mm）。

二、逐级荷载下的应力 σ，应按下式计算：

$$\sigma=\frac{N_i}{A} \tag{3.3.2-3}$$

式中　σ——逐级荷载下的应力值（$\mathrm{N/mm^2}$）；

N_i——试件承受的逐级荷载值（N）。

三、应力与轴向应变的关系曲线应以 σ 为纵座标、ε 为横座标绘制。根据曲线，应取应力 σ 等于 $0.4f_{\mathrm{c,m}}$时的割线模量为该试件的弹性模量，并应按下式计算：

$$E=\frac{0.4f_{\mathrm{c,m}}}{\varepsilon_{0.4}} \tag{3.3.2-4}$$

式中　E——试件的弹性模量（$\mathrm{N/mm^2}$）；

$\varepsilon_{0.4}$——对应于 $0.4f_{\mathrm{c,m}}$时的轴向应变值。

四、与逐级应力对应的泊松比，应按下式计算：

$$\upsilon=\frac{\varepsilon_{\mathrm{tr}}}{\varepsilon} \tag{3.3.2-5}$$

应力与泊松比的关系曲线应以应力 σ 为纵座标、泊松比 υ 为横座标绘制。根据曲线，应取应力 σ 等于 $0.4f_{\mathrm{c,m}}$时的泊松比 $\upsilon_{0.4}$ 值为该试件的泊松比。

第 3.3.3 条　当砖砌体的截面尺寸不符合本标准第 3.1.1 条时，抗压强度 $f_{\mathrm{c,m}}$值应按试验结果乘以修正系数。其修正系数 φ 应按下式计算：

$$\varphi=\frac{1}{0.72+\frac{20s}{A}} \tag{3.3.3}$$

式中　ψ——修正系数；

s——试件的截面周长（mm）。

第 3.3.4 条　中型砌块砌体试件的高厚比β大于 3 时，应计入稳定性对试验结果的影响，其抗压强度 $f_{c,m}$ 值，可按下式计算：

$$f_{c,m}=\frac{\psi N}{\psi_0 A} \tag{3.3.4}$$

式中　ψ_0——稳定系数，按现行国家标准《砌体结构设计规范》附录五的公式附 5－5 计算。

第四章　砌体沿通缝截面抗剪强度试验方法

第 4.0.1 条　普通砖的砌体沿通缝截面的抗剪试验，应采用由 9 块砖组成的双剪试件见图 4.0.1－1。其他规格砖块的砖体抗剪试验，宜采用此种双剪试件型式，但试件尺寸可作相应的调整。

中、小型砌块的砌体抗剪试验，可使用加荷架沿水平方向对试件施加荷载见图 4.0.1－2。对于较高的中型砌块砌体试件，试验的应加设侧向支撑；试件与台座之间宜采用湿砂垫平，不宜加设滚轴。

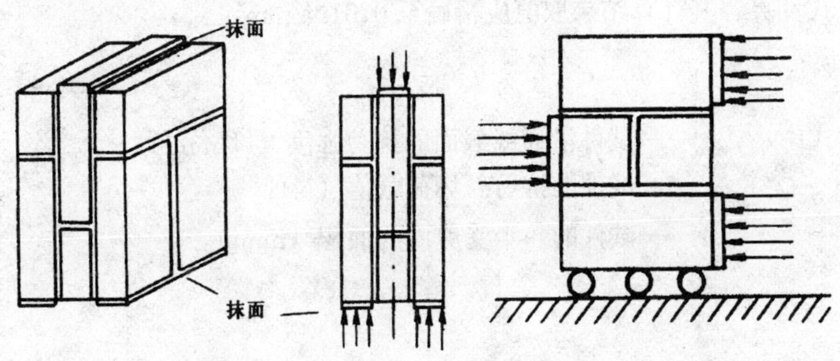

图 4.0.1－1　双剪试件及其受力情况

图 4.0.1－2　混凝土小块砌体试件受力简图

第 4.0.2 条　砖砌体抗剪试件的砂浆强度达到 70% 以后，可将试件立放，按本标准第 4.0.1 条的要求，先后对承压面和加荷面采用 1∶3 水泥砂浆找平，找平层厚度宜为 10mm。上、下找平层应相互平行并垂直于受剪面的灰缝。其平整度可采用水平尺和直角尺检查。

水平加荷的中、小型砌块砌体抗剪试件，其三个受力面也应找平，并应垂直于水平灰缝。

第 4.0.3 条 砌体抗剪试验，应按下列步骤和要求进行：

一、测量受剪面尺寸，测量精度应为 1mm。

二、将砖砌体抗剪试件立放在试验机下压板上，试件的中心线应与试验机轴线重合。试验机上下压板与试件的接触应蜜合。

对于中、小型砌块的砌体抗剪试验，尚应采用由加荷架、千斤顶和测力计组成的水平加荷系统。

三、抗剪试验应采用匀速连续加荷方法，并应避免冲击。加荷速度应按试件在 1～3min 内破坏进行控制。当有一个受剪面被剪坏即认为试件破坏，应记录破坏荷载值和试件破坏特征。

第 4.0.4 条 单个试件沿通缝截面的抗剪强度 $f_{v,m}$，应按式计算，其计算结果取值应精确至 0.01N/mm²：

$$f_{\mathrm{v,m}}=\frac{N_v}{2A} \tag{4.0.4}$$

式中 $f_{\mathrm{v,m}}$——试件沿通缝截面的抗剪强度（$\mathrm{N/mm^2}$）；

N_{v}——试件的抗剪破坏荷载值（N）；

A——试件的一个受剪面的面积（$\mathrm{mm^2}$）。

第五章　砖砌体弯曲抗拉强度试验方法

第 5.0.1 条　砖砌体沿通缝截面和沿齿缝截面的弯曲抗拉强度试验，应采用简支梁三分点集中加荷的方法。

第 5.0.2 条　普通砖的砌体抗弯试件尺寸见图 5.0.2－1 和图 5.0.2－2，应符合下列要求：

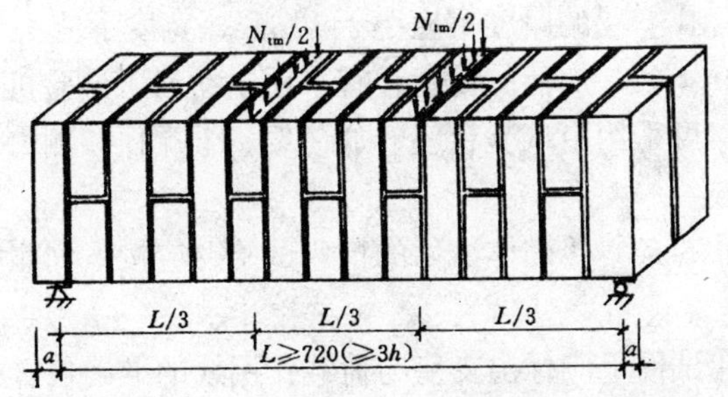

图 5.0.2－1　砖砌体沿通缝截面抗弯试验方法

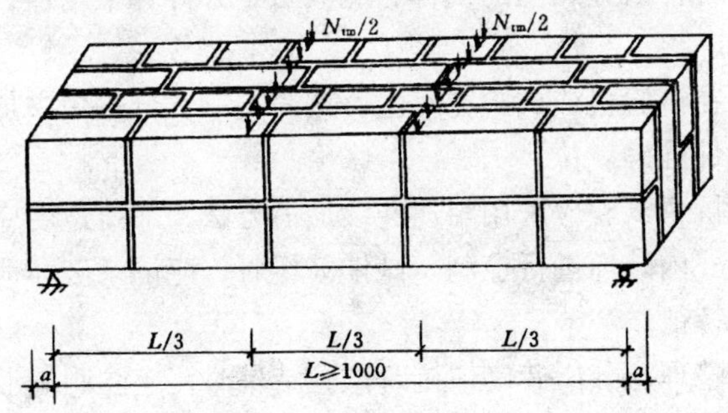

图 5.0.2－2　砖砌体沿齿缝截面抗弯试验试法

一、截面高度和宽度，均应为 240mm。

二、试件跨度，对于沿通缝抗弯试件，不应小于720mm；对于沿齿缝抗弯试件，不应小于1,000mm，且不应小于截面高度的3倍。

三、试件的总长度宜为试件跨度加60mm。

其他规格砖的砌体抗弯试件尺寸，可按具体情况作相应调整。

第5.0.3条 沿通缝截面抗弯的砌体试件，应立砌；试验时应将试件放平，再装到试验机或试验台座上。沿齿缝截面抗弯的砌体试件，应平砌，根据试验要求可采用一顺一丁、三顺一丁或其他砌筑形式；试验时应以长边为轴旋转90°，平移至试验机或试验台座上。试件的支座处和荷载作用处，应预先采用1:3水泥砂浆找平，找平层的厚度不应小于10mm，宽度不应小于50mm。

第5.0.4条 加荷的设备，宜采用电动油压试验机。当受条件限制时，可采用由试验台座、加荷架、千斤顶和测力计等组成的加荷系统。

第5.0.5条 砖砌体试件的抗弯试验，应按下列步骤与要求进行：

一、在试件上应标出支座与荷载作用线的准确位置，并应在纯弯区段，测量截面尺寸，测量精度应为1mm。

选择三件尺寸相同的试件，测其自重并计算平均值，精确至10N。

二、在试验机或试验台座上，按简支梁三分点焦中加荷的要求，使试件准确就位。

三、抗弯试验应采用匀速连续加荷方法，加荷速度应按试件在3～5min内破坏进行控制。试件破坏时，应记录破坏荷载值和试件破坏特征。

四、整理与分析砖砌体抗弯试验结果时，应注明是沿通缝截面还是沿齿缝截面，不得混淆。

若试件破坏处在跨中三分之一长度之外，应视为不正常破坏，该项试验数据应予舍去。

第5.0.6条 单个试件沿通缝截面或沿齿缝截面的弯曲抗拉

强度 $f_{tm,m}$,应按下式计算,其计算结果取值应精确至 $0.01N/mm^2$:

$$f_{tm,m}=\frac{(N_{tm}+0.75G)l}{bh^2} \tag{5.0.6}$$

式中 $f_{tm,m}$——试件的弯曲抗拉强度(N/mm^2);

N_{tm}——试件的抗弯破坏荷载值,包括荷载分配梁等附件的自重(N);

G——试件的自重(N);

l——试件的计算跨度(mm);

b——试件的截面宽度(mm);

h——试件的截面高度(mm)。

附录　本标准用词说明

一、为便于在执行本标准条文时区别对待，对要求严格程度不同的用词说明如下：

1. 表示很严格，非这样作不可的：

正面词采用“必须”，反面词采用“严禁”。

2. 表示严格，在正常情况下均应这样作的：

正面词采用“应”，反面词采用“不应”或“不得”。

3. 表示允许稍有选择，在条件许可时道先应这样作的：

正面词采用“宜”或“可”，反面词采用“不宜”。

二、条文中指定应按其它有关标准、规范执行时，写法为“应符合……的规定”。

附加说明

本标准主编单位、参编单位及主要起草人名单

主 编 单 位：四川省建筑科学研究院

参 加 单 位：山东省建筑科学研究所

湖　　南　　大　　学

辽宁省建筑科学研究所。

主要起草人：侯汝欣　曹居易　汪权信

施楚贤　王增泽　陈安枅

八、砌墙砖试验方法

GB/T 2542—92 代替 GB 2542—82

Test methods for wall bricks

砌墙砖系指以粘土、工业废料或其他地方资源为主要原料，以不同工艺制造的、用于砌筑承重和非承重墙体的墙砖。

1 主题内容与适用范围

本标准规定了砌墙砖尺寸、外观质量、抗折强度和抗压强度、冻融、体积密度、石灰爆裂、泛霜、吸水率和饱和系数、孔洞率及孔结构、干燥收缩、碳化的试验方法。

本标准适用于烧结砖和非烧结砖。烧结砖包括烧结普通砖、烧结多孔砖以及烧结空心砖和空心砌块（以下简称空心砖）非烧结砖包括蒸压灰砂砖、粉煤灰砖、炉渣砖和碳化砖等。

2 尺寸测量

2.1 量具

砖用卡尺如图 1，分度值为 0.5mm。

2.2 测量方法

长度应在砖的两个大面的中间处分别测量两个尺寸；宽度应在砖的两个大面的中间处分别测量两个尺寸；高度应在两个条面的中间处分别测量两个尺寸，如图 2 所示。当被测处有缺损或凸出时，可在其旁边测量，但应选择不利的一侧。

国家技术监督局 1992-06-04 批准 **1993-03-01 实施**

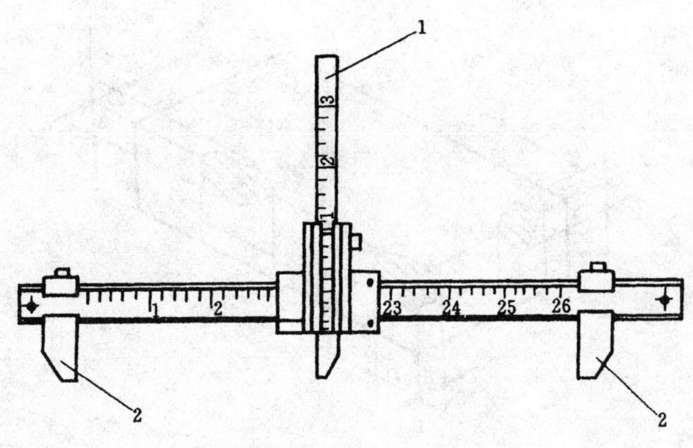

图 1　砖用卡尺

1—垂直尺；2—支脚

2.3　结果评定

结果分别以长度、高度和宽度的最大偏差值表示，不足 1mm 者按 1mm 计。

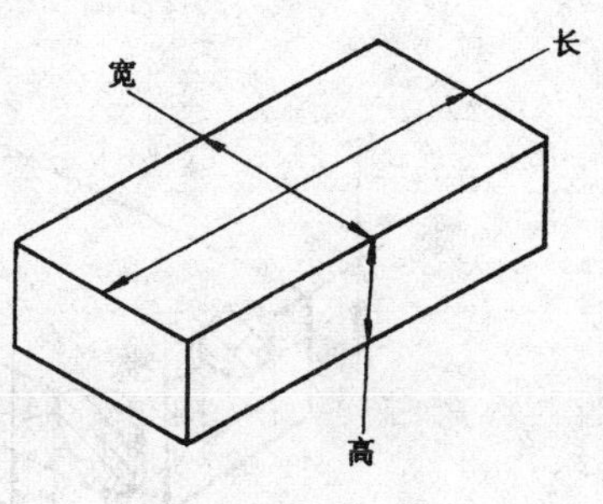

图 2　尺寸量法

3　外观质量检查

3.1　量具

3.1.1　砖用卡尺如图 1，分度值为 0.5mm。

3.1.2　钢直尺，分度值为 1mm。

3.2　测量方法

3.2.1　缺损

3.2.1.1　缺棱掉角在砖上造成的破损程度，以破损部分对长、宽、高三个棱边的投影尺寸来度量，称为破坏尺寸。如图 3 所示。

3.2.1.2　缺损造成的破坏面，系指缺损部分对条、顶面（空心砖为条、大面）的投影面积，如图 4 所示。

空心砖内壁残缺及肋残缺尺寸，以长度方向的投影尺寸来度量。

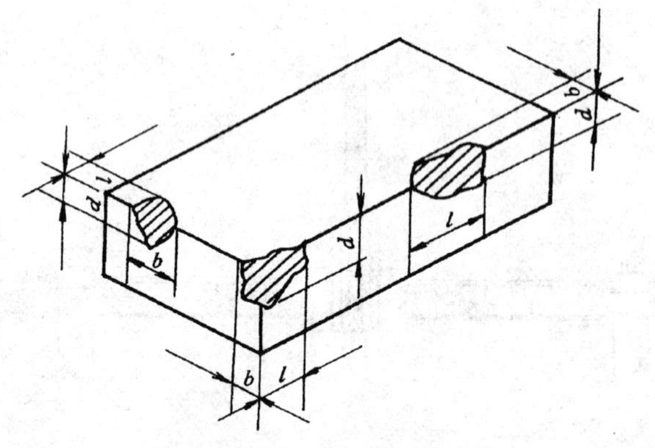

图 3　缺棱掉角破坏尺寸量法

l—长度方向的投影量；b—宽度方向的投影量；d—高度方向的投影量

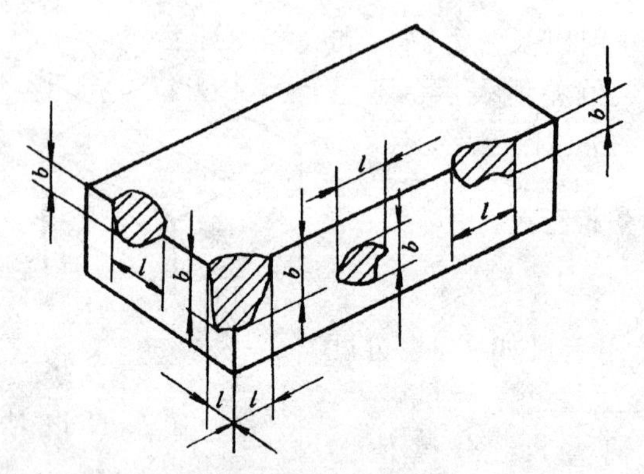

图 4　缺损在条、顶面上造成破坏面量法

3.2.2　裂纹

3.2.2.1　裂纹分为长度方向、宽度方向和水平方向三种，以被测方向的投影长度表示。如果裂纹从一个面延伸至其他面上时，测累计其延伸的投影长度，如图 5 所示。

3.2.2.2　多孔砖的孔洞与裂纹相通时，则将孔洞包括在裂纹内一并测量，如图 6 所示。

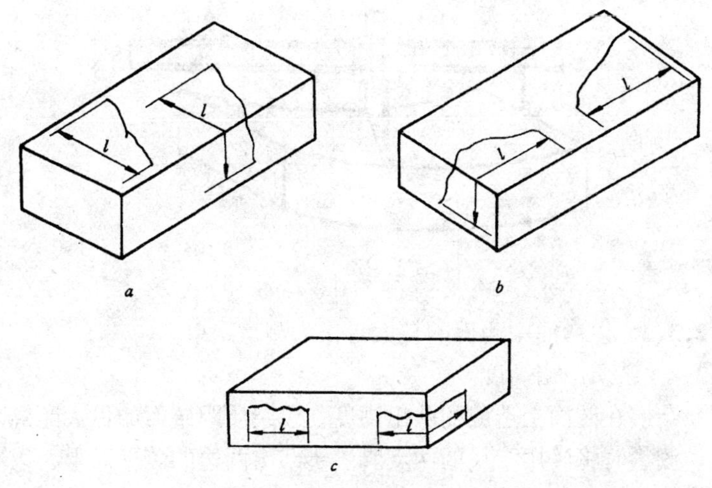

图 5　裂纹长度量法

a—宽度方向裂纹长度量法；*b*—长度方向裂纹长度量法；*c*—水平方向裂纹长度量法

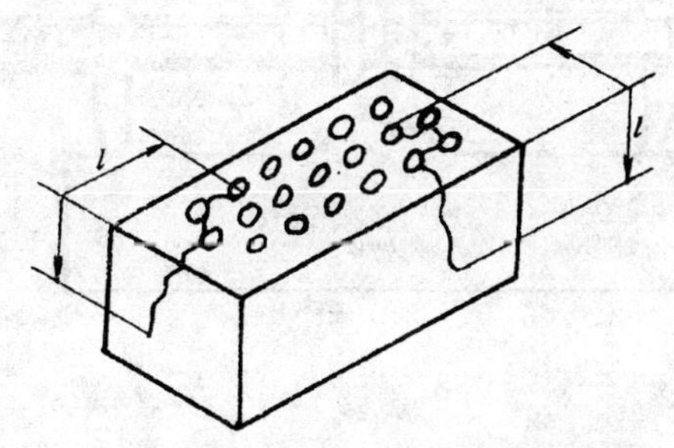

图 6　多孔砖裂纹通过孔洞时长度量法

3.2.2.3　裂纹长度以在三个方向上分别测得的最长裂纹作为测量结果。

3.2.3　弯曲

3.2.3.1　弯曲分别在大面和条面上测量，测量时将砖用卡尺的两支脚沿棱边两端放置，择其弯曲最大处将垂直尺推至砖面，如图 7 所示。但不应将因杂质或碰伤造成的凹处计算在内。

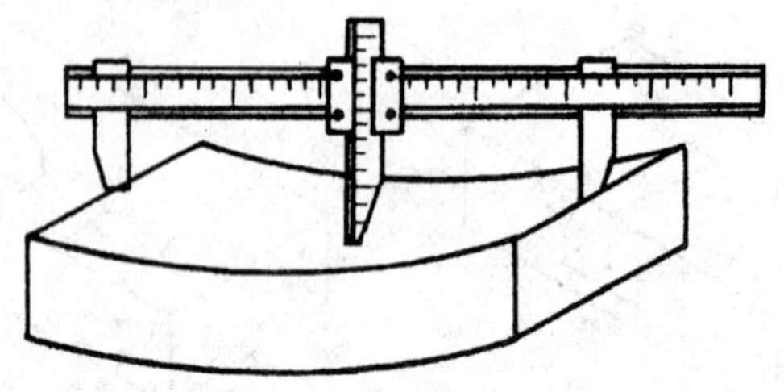

图 7　弯曲量法

3.2.3.2　以弯曲中测得的较大者作为测量结果。

3.2.4　杂质凸出高度。

杂质在砖面上造成的凸出高度，以杂质距砖面的最大距离表示。测量时将砖用卡尺的两支脚置于凸出两边的砖平面上，以垂直尺测量，如图 8 所示。

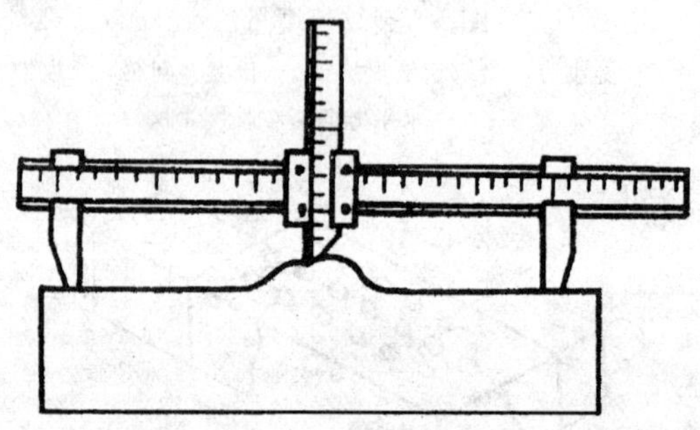

图 8　杂质凸出量法

3.3　结果处理

外观测量以毫米为单位，不足 1mm 者，按 1mm 计。

4　抗折强度和抗压强度试验

4.1　仪器设备

4.1.1　材料试验机

试验机的示值相对误差不大于 ±1%，其下加压板应为球铰支座，预期最大破坏荷载应在量程的 20%～80%之间。

4.1.2 抗折夹具

抗折试验的加荷形式为三点加荷，其上压辊和下支辊的曲率半径为15mm，下支辊应有一个为绞接固定。

4.1.3 抗压试件制备平台

试件制备平台必须平整水平，可用金属或其他材料制作。

4.1.4 水平尺

规格为250～300mm。

4.1.5 钢直尺

分度值为1mm。

4.2 抗折强度（荷重）试验

4.2.1 试样

4.2.1.1 试样数量：烧结砖和蒸压灰砂砖为5块，其他砖为10块。

4.2.1.2 蒸压灰砂砖应放在温度为20℃±5℃的水中浸泡24h后取出，用湿布拭去其表面水分进行抗折强度试验。

4.2.1.3 粉煤灰砖和炉渣砖在养护结束后24～36h内进行试验。

4.2.1.4 烧结砖不需浸水及其他处理，直接进行试验。

4.2.2 试验步聚

4.2.2.1 按2.2条的规定测量试样的宽度和高度尺寸各2个，分别取其算术平均值，精确至1mm。

4.2.2.2 调整抗折夹具下支辊的跨距为砖规格长度减去40mm. 但规格长度为190mm的砖。其跨距为160mm。

4.2.2.3 将试样大面平放在下支辊上，试样两端面与下支辊的距离应相同，当试样有裂缝或凹陷时，应使有裂缝或凹陷的大面朝下，以50～150N/s的速度均匀加荷，直至试样断裂，记录最大破坏荷载 P。

4.2.3 结果计算与评定

4.2.3.1 每块多孔砖试样的抗折荷重以最大破坏荷载乘以换算系数计算，精确至0.1kN。

4.2.3.2 每块试样的抗折强度 R_c 按式（1）计算，精确至

0.1MPa。

$$R_c = \frac{3Pl}{2BH^2} \tag{1}$$

式中 R_c——抗折强度，MPa；

P——最大破坏荷载，N；

L——跨距，mm；

B——试样宽度，mm；

H——试样高度，mm。

4.2.3.3 试验结果以试样抗折强度或抗折荷重的算术平均值和单块最小值表示，精确至 0.1MPa 或 0.1kN。

4.3 抗压强度试验

4.3.1 试样

4.3.1.1 试样数量：烧结普通砖、烧结多孔砖和蒸压灰砂砖为 5 块，其他砖为 10 块（空心砖大面和条面抗压各 5 块）。

4.3.1.2 非烧结砖也可用抗折强度试验后的试样作为抗压强度试样。

4.3.2 试件制备

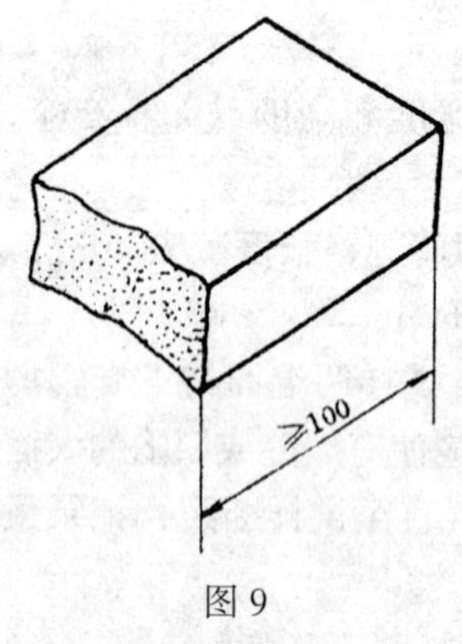

图 9

4.3.2.1 烧结普通砖

a. 将试样切断或锯成两个半截砖，断开的半截砖长不得小于 100mm，如图 9 所示。如果不足 100mm，应另取备用试样补足。

b. 在试样制备平台上，将已断开的半截砖放入室温的净水中浸 10～20min 后取出，并以断口相反方向叠放，两者中间抹以厚度不超过 5mm 的用 325 或 425 号普通硅酸盐水泥调制成稠度适宜的水泥净浆粘结，上下两面用厚度不超过 3mm 的同种水泥浆抹平。制成的试件上下两面须相互平行，并垂直于侧面，如图 10 所示。

4.3.2.2　多孔砖、空心砖

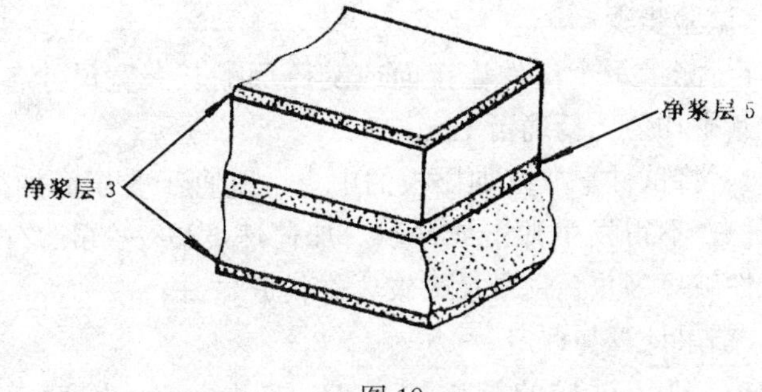

图 10

a. 多孔砖以单块整砖沿竖孔方向加压，空心砖以单块整砖沿大面和条面方向分别加压。

b. 试件制作采用坐浆法操作。即将玻璃板置于试件制备平台上，其上铺一张湿的垫纸，纸上铺一层厚度不超过 5mm 的用 325 或 425 普通硅酸盐水泥制成稠度适宜的水泥净浆，再将在水中浸泡 10～20min 的试样平稳地将受压面坐放在水泥浆上，在另一受压面上稍加压力，使整个水泥层与砖受压面相互粘结，砖的侧面应垂直于玻璃板。待水泥浆适当凝固后，连同玻璃板翻放在另一铺纸放浆的玻璃板上，再进行坐浆，用水平尺校正好玻璃板的水平。

4.3.2.3　非烧结砖

将同一块试样的两半截砖断口相反叠放，叠合部分不得小于 100mm，如图 11 所示。即为抗压强度试件。如果不足 100mm 时，则应剔除另取备用试样补足。

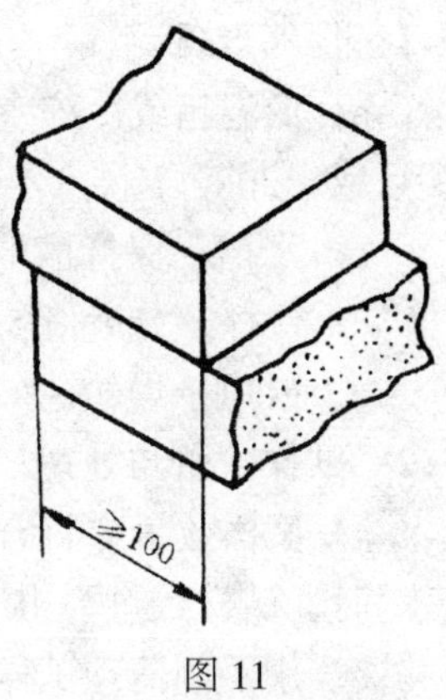

图 11

4.3.3　试件养护

4.3.3.1　制成的抹面试件应置于不低于 10℃的不通风室内养护 3d，再进行试验。

4.3.3.2　非烧结砖试件，不需养护，直接进行试验。

4.3.4 试验步骤

4.3.4.1 测量每个试件连接面或受压面的长、宽尺寸各两个，分别取其平均值，精确至1mm。

4.3.4.2 将试件平放在加压板的中央，垂直于受压面加荷，应均匀平稳，不得发生冲击或振动。加荷速度以2～6kN/s为宜，直至试件破坏为止，记录最大破坏荷载P。

4.3.5 结果计算与评定

4.3.5.1 每块试样的抗压强度R_p按式（2）计算，精确至0.1MPa。

$$R_p=\frac{P}{LB} \tag{2}$$

式中 R_p——抗压强度，MPa；

P——最大破坏荷载，N；

L——受压面（连接面）的长度，mm；

B——受压面（连接面）的宽度，mm。

4.3.5.2 试验结果以试样抗压强度的算术平均值和单块最小值表示，精确至0.1MPa。

5 冻融试验

5.1 仪器设备

a. 低温箱或冷冻室：放入试样后箱（室）内温度可调至-20℃或-20℃以下。

b. 水槽，保持槽中水温10℃～20℃为宜。

c. 台秤，分度值5g。

d. 鼓风干燥箱。

5.2 试样数量与处理

a. 试样数量应符合4.2.1.1的规定，试验结果以抗压强度表示时，试样数量为10块。

b. 用毛刷清理试样表面，并顺序编号。

5.3 试验步骤

5.3.1 将试样放入鼓风干燥箱中在105℃～110℃下干燥至恒量(在干燥过程中，前后两次称量相差不超过0.2%，前后两次称量时间间隔为2h)，称其质量 G_0。并检查外观。将缺棱掉角和裂纹作标记。

5.3.2 将试样浸在10℃～20℃的水中，24h后取出，用湿布拭去表面水分，以大于20mm的间距大面侧向立放于预先降温至－15℃以下的冷冻箱中。

5.3.3 当箱内温度再次降至－15℃时开始计时，在－15℃～－20℃下冰冻：烧结砖冻3h；非烧结砖冻5h。然后取出放入10℃～20℃的水中融化：烧结砖不少于2h；非烧结砖不少于3h。如此为一次冻融循环。

5.3.4 每5次冻融循环，检查一次冻融过程中出现的破坏情况，如冻裂、缺棱、掉角、剥落等。

5.3.5 冻融过程中，发现试样的冻坏超过外观规定时，庆继续试验至15次冻融循环结束为止。

5.3.6 15次冻融循环后，检查并记录试样在冻融过程中的冻裂长度，缺棱掉角和剥落等破坏情况。

5.3.7 经15次冻融循环后的试样，放入鼓风干燥箱中，按5.3.1的规定干燥至恒量，称其质量 G_1。

烧结砖若未发现冻坏现象，则可不进行干燥称量。

5.3.8 将干燥后的试样（非烧结砖再在10℃～20℃的水中浸泡24h）按4.3条的规定进行抗压强度试验。

5.3.9 各砌墙砖可根据其产品标准要求进行其中部分试验。

5.4 结果计算与评定

5.4.1 质量损失率 G_m 按式（3）计算，精确至0.1%：

$$G_m=\frac{G_0-G_1}{G_0}\times 100 \qquad (3)$$

式中 G_m——质量损失率，%；

G_0——试样冻融前干质量，g；

G_1——试样冻融后干质量，g。

5.4.2 试验结果以试样抗压强度、外观质量和质量损失率表示。

6 体积密度

6.1 仪器设备

a. 鼓风干燥箱；

b. 台秤，分度值为5g；

c. 钢直尺或砖用卡尺，分度值为1mm。

6.2 试样

每次试验用砖为5块，所取试样应外观完整。

6.3 试验步骤

6.3.1 清理试样表面，并注写编号，然后将试样置于105℃～110℃鼓风干燥箱中干燥至恒量，称其质量 G_0，并检查外观情况，不得有缺棱、掉角等破损。如有破损者，须重新换取备用试样。

6.3.2 将干燥后的试样按2.2条的规定，测量其长、宽、高尺寸各两个，分别取其平均值。

6.4 结果计算与评定

6.4.1 体积密度 ρ 按式（4）计算，精确至0.1kg/m³：

$$\rho = \frac{G_0}{L \cdot B \cdot H} \times 10^9 \tag{4}$$

式中 ρ——体积蜜度，kg/m_3；

G_0——试样干质量，kg；

L——试样长度，mm；

B——试样宽度，mm；

H——试样高度，mm。

6.4.2 试验结果以试样密度的算术平均值表示，精确至1kg/m³。

7 石灰爆裂

7.1 仪器设备

a. 蒸煮箱；

b. 钢直尺，分度值为1mm。

7.2 试样

7.2.1 试样为未经雨淋或浸水、且近期生产的砖样，数量为5块。

7.2.2 普通砖用整砖，多孔砖可用$\frac{1}{4}$块，空心砖用$\frac{1}{4}$块试验。多孔砖、空心砖试样可以用孔洞率测定或体积密度试验后的试样锯取。

7.2.3 试验前检查每块试样。将不属于石灰爆裂的外观缺陷作标记。

7.3 试验步骤

7.3.1 将试样平行侧立于蒸煮箱内的篦子板上，试样间隔不得小于50mm，箱内水面应低于篦上板40mm。

7.3.2 加盖蒸6h后取出。

7.3.3 检查每块试样上因石灰爆裂（含试验前已出现的爆裂）而造成的外观缺陷，记录其尺寸（mm）。

7.4 结果评定

以每块试样石灰爆裂区域的尺寸表示。

8 泛霜

8.1 仪器设备

a. 鼓风干燥箱；

b. 耐腐蚀的浅盘5个，容水深度25～35mm；

c. 能盖住浅盘的透明材料5张，在其中间部位开有大于试样宽度、高度或长度尺寸5～10mm的矩形孔；

d. 干、湿球温度计或其他温、湿度计。

8.2 试样

8.2.1 试样数量为5块。

8.2.2 普通砖、多孔砖用整砖，空心砖用1/2块，可以用体积密度试验后的试样从长度方向的中间处锯取。

8.3 试验步骤

8.3.1 将粘附在试样表面的粉尘刷掉并编号，然后放入105℃～110℃的鼓风干燥箱中干燥24h，取出冷却至常温。

8.3.2 将试样顶面或有孔洞的面朝上分别置于5个浅盘中，往浅盘中注入蒸馏水，水面高度不低于20mm，用透明材料覆盖在浅盘上，并将试样暴露在外面，记录时间。

8.3.3 试样浸在盘中的时间为7d，开始2d内经常加水以保持盘内水面高度，以后则保持浸在水中即可。试验过程中要求环境温度为16℃～32℃，相对湿度30%～70%。

8.3.4 7d后取出试样，在同样的环境条件下放置4d。然后在105℃～110℃的鼓风干燥箱中连续干燥24h。取出冷却至常温。记录干燥后的泛霜程度。

8.3.5 7d后开始记录泛霜情况，每天一次。

8.4 结果评定

8.4.1 泛霜程度根据记录以最严重者表示。

8.4.2 泛霜程度划分如下：

无泛霜：试样表面的盐析几乎看不到。

轻微泛霜：试样表面出现一层细小明显的霜膜，但试样表面仍清晰。

中等泛霜：试样部分表面或棱角出现明显霜层。

严重泛霜：试样表面出现起砖粉，掉屑及脱皮现象。

9 吸水率和饱和系数试验

9.1 仪器设备

a. 鼓风干燥箱；

b. 台秤，分度值为5g；

c. 蒸煮霜。

9.2 试样

9.2.1 试样数量为5块。

9.2.2 普通砖用整块，多孔砖可用1/2块，空心砖用1/4块试验。空心砖试样可从体积密度试验后的试样上锯取。

9.3 试验步骤

9.3.1 清理试样表面，并注写编号，然后置于105℃～110℃鼓风干燥箱中干燥至恒量，除去粉尘后，称其干质量 G_0。

9.3.2 将干燥试样浸水24h，水温10℃～30℃。

9.3.3 取出试样，用湿毛巾拭去表面水分，立即称量，称量时试样毛细孔渗出于秤盘中水的质量亦应计入吸水质量中，所得质量为浸泡24h的湿质量 G_{24}。

9.3.4 将浸泡24h后的湿试样侧立放入蒸煮箱的篦子板上，试样间距不得小于10mm，注入清水，箱内水面应高于试样表面50mm，加热至沸腾，沸煮3h饱和系数试验煮沸5h，停止加热，冷却至常温。

9.3.5 按9.3.3的规定，称量沸煮3h的湿质量 G_3。

9.4 结果计算与评定

9.4.1 常温水浸泡24h试样吸水率 W_{24} 按式（5）计算，精确至0.1%：

$$W_{24}=\frac{G_{24}-G_0}{G_0}\times 100 \tag{5}$$

式中 W_{24}——常温水浸泡24h试样吸水率，%；

G_0——试样干质量，g；

G_{24}——试样浸水24h的湿质量，g。

9.4.2 试样沸煮3h吸水率 W_3 按式（6）计算，精确至0.1%：

$$W_3=\frac{G_3-G_0}{G_0}\times 100 \tag{6}$$

式中 W_3——试样沸煮3h吸水率，%；

G_3——试样沸煮3h的湿质量，g；

G_0——试样干质量，g。

9.4.3 每块试样的饱和系数 K 按式（7）计算，精确至0.01：

$$K=\frac{G_{24}-G_0}{G_5-G_0} \tag{7}$$

式中　K——试样饱和系数；

G_{24}——常温水浸泡24h试样湿质量，g；

G_0——试样干质量，g；

G_5——试样沸煮5h的湿质量，g。

9.4.4　吸水率以5块试样的算术平均值表示，精确至1%；饱和系数以5块试样的算术平均值表示，精确至0.01。

10　孔洞率及孔结构测定

10.1　量具与材料

a. 钢直尺，分度值1mm；

b. 复写纸，毫米方格纸。

10.2　试样制备

取体职密度试验后的5块试样，从长度方向的中间处锯断，将其中一半砖样的断面磨平并刷净粉尘，作为孔洞及结构测定的试件。

10.3　试验步骤

10.3.1　将试件断面朝上，放上方格纸，用橡胶辊或其他方法反复滚压，使其断面完整地印染在方格纸上。

10.3.2　测量方格纸上各孔洞尺寸、试件断面凹线槽尺寸和试件断面尺寸。对不规则外沿一律数格计算其面积，不满一格者可上下、左右拼凑。对孔洞边沿缺口应对照试件修图，尽量反映孔洞尺寸。

10.3.3　测量方格纸上最薄处的壁、肋尺寸，精确至1mm。

10.4　结果计算与评定

10.4.1　孔洞率Q按式（8）计算，精确至0.1%：

$$Q=\frac{S_1+S_2}{S}\times 100 \tag{8}$$

式中　Q——孔洞率，%；

S_1——断面孔洞面积之和，mm^2；

S_2——断面凹线槽面积之和，mm^2；

S——试件断面面积，mm^2。

10.4.2 试验结果以 5 块试样孔洞率的算术平均值表示，精确至 1%。

10.4.3 孔结构以孔洞排数及壁肋最小尺寸表示。

11 干燥收缩试验

11.1 仪器设备

11.1.1 收缩测定仪：如图 12 所示。收缩测定仪的百分表量程为 10mm，上下测点采用 90°锥形凹座。

11.1.2 收缩头：如图 13 所示，用不锈钢或黄铜制成。

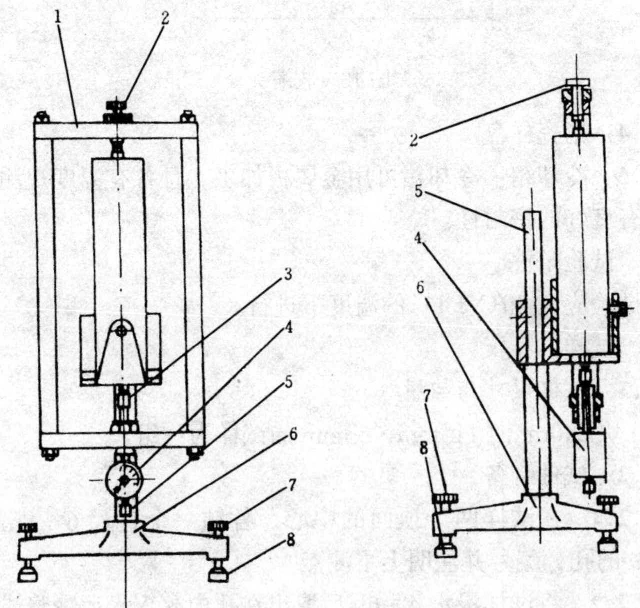

图 12 收缩测定仪示意图

1—测量框架；2—上支点螺栓；3—下支点；4—百分表；5—立柱；6—底座；7—调平螺栓；8—调平座

11.1.3 鼓风干燥箱或调温调湿箱：鼓风干燥箱或调温调湿

箱的箱体容积不小于0.05m³或大于试件总体积的5倍。箱体湿度以饱和氯化钙控制，每立方米箱体应给予不低于0.3m²暴露面积且含有充分固体的氯化钙饱和溶液。

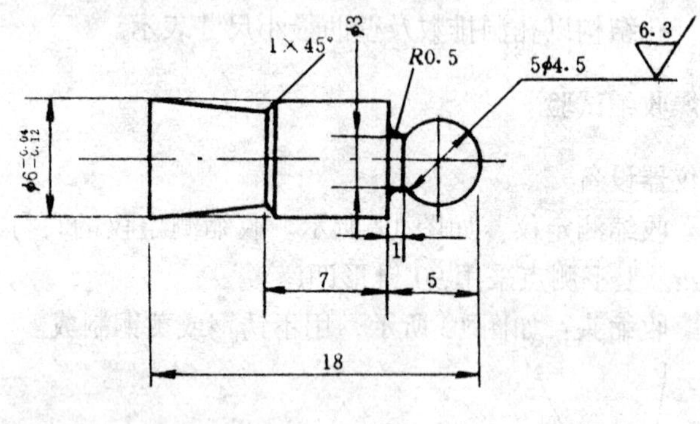

图13　收缩头

11.1.4　搪瓷样盘。

11.1.5　冷却箱：冷却箱可用金属板加工，且备有温度观测装置及具有良好的密封性。

11.2　试验条件

试验应在20℃±1℃的温度下进行。

11.3　试样

11.3.1　试样尺寸与数量

3块240mm×115mm×53mm的试样为一组。

11.3.2　试件制备

11.3.2.1　在试样两个顶面的中心，各钻一个直径6～8mm深13mm的孔，编号并注明上下测点。

11.3.2.2　将试样浸水4～6h后取出在孔内灌入水泥净浆或其他粘结剂，然后埋置收缩头，收缩头中心线应与试样中心线重合，试样顶面应保持平整，待收缩头固定后，清除其表面残留粘结剂。

11.4　试验步骤

11.4.1　制成的试件放置1d后，于20℃±1℃的水中浸泡4d，浸泡时，试件间的距离及水面至试件距离不小于 20mm。

11.4.2 将试件从水中取出，用湿布拭去表面水分并将收缩头擦干净。

11.4.3 以标准杆确定仪器百分表原点(一般取 5.00mm),然后按标明的上下点测定试件的初始长度,记录初始百分表读数。

11.4.4 将试件放入温度为 50℃ ±1℃，温度按 11.1.3 控制的鼓风干燥箱或调温调湿箱中进行干燥至少 44h，在干燥过程中，不得再放入其他湿试件。

11.4.5 取出试件，置于冷却箱中冷却至 20℃ ±1℃（一般需 4h）后在 11.2 条规定的温度下进行测量，测量前应校准仪器百分表原点。

11.4.6 每 2d 按 11.4.4 和 11.4.5 重复进行干燥、冷却和测量；直至两次测长读数差 0.01mm 范围内时为止，以最后两次的平均值作为干燥后读数。

11.4.7 每次测量时，同组试件应在 10min 内完成。

11.5 结果计算与评定

11.5.1 干燥收缩 S 按式（9）计算：

$$S=\frac{L_1-L_2}{L_0+L_1-2L-M_0}\times 1000 \tag{9}$$

式中 S——干燥收缩值，mm/m；

L_0——标准杆长度，mm；

L_1——试件初始读数（百分表读数），mm；

L_2——试件干燥后读数（百分表读数），mm；

L——收缩头长度，mm；

M_0——百分表原点，mm。

11.5.2 试验结果以 3 块试件干燥收缩值的算术平均值表示，精确至 0.01mm/m。

12 碳化试验

12.1 仪器设备和试剂

12.1.1 碳化箱：下部设有进气孔，上部设有排气孔且有湿度观察装置，盖（门）必须严密。

12.1.2 二氧化碳钢瓶。

12.1.3 转子流量计。

12.1.4 气体分析仪。

12.1.5 台秤，分度值 5g。

12.1.6 干、湿球温度计或其他温、湿度计。

12.1.7 二氧化碳气体，浓度大于 80%。

12.1.8 1%酚酞溶液，用浓度为 70%的乙醇配制。

12.2 试样

取经尺寸偏差和外观检查合格的砖样 25 块，其中 10 块为对比试样（也可采用抗压强度试验结果。若采用抗压强度试验结果作对比，则试样可取 15 块）；10 块用于测定碳化后强度；5 块用于碳化深度检查。

12.3 试验条件

12.3.1 湿度

碳化过程的相对湿度控制在 90%以下。

12.3.2 二氧化碳浓度

12.3.2.1 二氧化碳浓度的测定

第一、二天每隔 2h 测定一次，以后每隔 4h 测定一次。并根据测得的二氧化碳浓度，随时调节其流量。

二氧化碳浓度采用气体分析仪测定，精确至 1%。

12.3.2.2 二氧化碳浓度的调节和控制

如图 14 所示，装配人工碳化装置，调节二氧化碳钢瓶的针形阀，控制流量使二氧化碳浓度达 60%以上。

12.4 试验步骤

12.4.1 取 10 块对比试样按 4.3 条进行抗压强度试验。

12.4.2 其余 15 块试样在室内放置 7d，然后放入碳化箱内进行碳化，试样间隔不得小于 20mm。

12.4.3 从第十天开始，每 5d 取一块试样劈开，用 10%酚酞乙醇溶液检查碳化程度，当试样中心不呈显红色时，则认为试样已全部碳化。

12.4.4 将已全部碳化的 10 块试样于室内放置 24～36h 后按 4.3 条进行抗压强度试验。

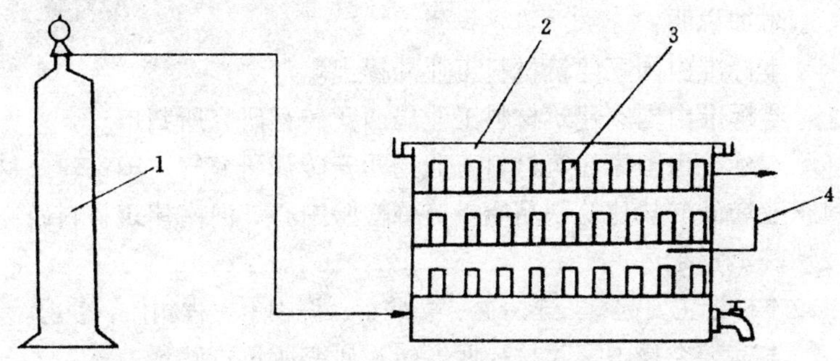

图 14 人工碳化装置示意图

1—二氧化碳钢瓶；2—碳化箱；3—砖样；4—干、湿温度计

12.5 结果计算与评定

12.5.1 以试样的抗压强度之算术平均值（精确至 0.1MPa），作为该批试样人工碳化后强度。

12.5.2 碳化系数 K_c 按式（10）计算，精确至 0.01：

$$K_c = \frac{R_c}{R_0} \tag{10}$$

式中 K_c——碳化系数；

R_c——人工碳化后抗压强度，MPa；

R_0——砖的抗压强度，MPa。

13 试验报告

试验报告内容应包括：

a．送样单位；

b．来样及试验日期；

c．报告编号；

d．试样名称、编号及规格尺寸；

e．试验项目；

f．试验结果；

g．试验单位与试验、审核人员和单位负责人签章。

附加说明：

本标准由国家建筑材料工业局提出。

本标准由国家建筑材料工业局西案砖瓦研究所归口。

本标准由国家建筑材料工业局西安砖瓦研究气、国家建筑材料工业局硅酸盐建筑制品质量监督检验中心、河南建筑材料研究设计院负责起草。

本标准主要起草人李寿德、姜炳年、许国干、程相伟、姜勇。

本标准委托国家建材局西安砖瓦研究所负责解释。

九、砌墙砖检验规则

JC/ T 466—92（96）

1 主题内容与适用范围

本标准规定了砌墙砖验收检验中检验批的构成、检验项目、抽样方案、抽样方法和检验批的处理。

本标准适用于由各种原材料以不同生产工艺制造的不同规格尺寸的实心砖、多孔砖和空心砖。

2 引用标准

GB/T 2542 砌墙砖试验方法

GB 2828 逐批检查计数抽样程序及抽样表（适用于连续批的检查）

GB 3358 统计学名词及符号

GB 5348 砖和砌块名词术语

GB 8053 不合格品率的计量标准型一次抽样检查程序及表

GB 8054 平均值的计量标准型一次抽样检查程序及表

3 术语

本标准采用 GB3358 和 GB5348 的术语。

3.1 空心砖

孔洞率大于或等于 35%作填充非承重用的砖。

3.2 多孔砖

国家建筑材料工业局 1992－05－23 批准　　1993－01－01 实施

孔洞率大于或等于15%作结构承重用的砖。

3.3 验收检验

为确定一批砌墙砖的质量而进行的检验。

3.4 检验规则

实施验收检验时应严格执行的技术细则。

3.5 检验批

在一致条件下生产而为实施验收检验汇集起来的砌墙砖，简称批。

3.6 批量

检验批中砌墙砖的数量。

3.7 抽样方案

为实施验收检验而作出的样本大小和判断（质量）准则的具体规定。

3.8 计数抽样方案

以样本中不合格产品数作为判断依据的抽样方案。

3.9 计量抽样方案

以产品质量特征值的样本统计量作为判断依据的抽样方案。

3.10 计点抽样方案

以样本中产品检查出的缺陷数作为判断依据的抽样方案。

3.11 标准型抽样方案

为保护生产、使用双方的利益，把生产方风险和使用方风险固定为某个特定数值（通常分别为0.05和0.10）的抽样方案。

3.12 s法抽样方案

计量抽样检验中，批标准差未知时，利用样本标准差或由样本标准差与其他样本统计量构成的函数来判断批合格或不合格的抽样方案。

3.13 抽样砖垛

根据抽样规定，以随机方法确定的需从中抽取砖样的砖垛。

3.14 随机数

由随机化工具确定的数码。

3.15 样本标准差（s）

样品（n个）测定值 X_i 距离样本平均值 $\overline{X}$ 的偏差和被（n－1）所除得商的正平方根值。由式（1）计算：

$$s=\sqrt{\frac{1}{n-1}\sum_{i=1}^{n}(X_i-\overline{X})^2} \tag{1}$$

3.16 极差

计量抽样检验的样本中，最大测定值与最小测定值之差数。

3.17 强度标准值（f_k）

具有95%保证概率的强度。本标准中，样本量 $n=10$ 时的强度标准值由式（2）计算：

$$f_k=\overline{X}-2\cdot1s \tag{2}$$

3.18 尺寸平均偏差

砌墙砖规格尺寸的样本平均值对其公称尺寸的偏离程度。

4 检验批的构成

4.1 构成原则

构成检验批的基本原则是尽可能使得批内砖质量分布均匀，具体实施中应做到：

a. 不正常生产与正常生产的砌墙砖不能混批；

b. 原料变化或不同配料比例的砌墙砖不能混批；

c. 不同质量等级的砌墙砖不能混批。

4.2 批量大小

砌墙砖检验批的批量宜在3.5～15万块范围内，但不得超过一条生产线的日产量。

5 检验项目

5.1 共性项目

建筑结构与施工对各类砌墙砖都要求检验的项目：

a. 尺寸偏差；

b. 强度等级；

c．外观质量；

d．抗冻性能。

5.2 特性项目

仅对某类砌墙砖由于原料、工艺、结构不同而特设的检验项目：

a．吸水率；

b．饱和系数；

c．泛霜；

d．石灰爆裂；

e．干燥收缩；

f．碳化系数；

g．体积密度；

h．孔洞率。

6 抽样方案

6.1 共性项目的抽样方案

6.1.1 尺寸偏差抽样方案

抽取砖样 20 块，按 *GB/T* 2542 规定的方法，分别测定长度、宽度、高度三个尺寸的平均偏差和极差，根据不同公称尺寸由表 1 的合格判定值判断规格尺寸是否合格。

表 1 (mm)

公称尺寸	允许平均偏差	极差≤
290	±2.0	8
240	±2.0	8
190	±2.0	7
180	±2.0	7
140	±1.5	6
115	±1.5	6
90	±1.5	6
65	±1.5	5
53	±1.5	4

6.1.2 强度等级抽样方案

抽取砖样 10 块，按 GB/T 2542 规定的方法，测定抗压强度的标准值和平均值。根据工程设计要求的强度等级，由表 2 的合格判定值判断强度等级是否符合设计要求。

表 2 （MPa）

强度等级	强度平均值≥	强度标准值≥
MU30	30.0	23.0
MU25	25.0	19.0
MU20	20.0	14.0
MU15	15.0	10.0
MU10	10.0	6.5
MU7.5	7.5	5.0
MU5.0	5.0	3.5
MU3.0	3.0	2.0
MU2.0	2.0	1.3

注：MU5.0 及其以下等级仅限空心砖使用。

6.1.3 外观质量抽样方案

抽取砖样 50 块，根据产品标准规定的外观质量指标，按 GB/T 2542 规定的方法，检查出其中的不合格品数 d_1。按下列规则判断：

$d_1 \leqslant 7$ 时，外观质量合格；

$d_1 \leqslant 11$ 时，外观质量不合格；

$d_1 > 7$，且 $d_1 < 11$ 时，需再次抽样检验。

如判为再次抽样检验，从批中再抽取砖样 50 块，检查出其中的不合格品数 d_2 后，按下列规则判断：

$(d_1 + d_2) \leqslant 18$ 时，外观质量合格；

$(d_1 + d_2) \geqslant 19$ 时，外观质量不合格。

6.1.4 抗冻性能抽样方案

抽取砖样 10 或 5 块，按 GB/T 2542 规定的方法，经 15 次冻融循环试验后，根据产品标准规定的评定指标，判断其抗冻性能是否合格。

6.2 特性项目的抽样方案

各类砌墙砖产品需检验的特性项目及其抽样方案，由其产品标准按表 3 规定的导则制定后执行。

表 3

产品种类	检验项目	抽样方案导则	适用标准
烧结砖	吸水率	不合格品率计量标准型 s 法抽样方案	GB 8053
	饱和系数		
	石灰爆裂	不合格缺陷计点抽样方案	GB 2828
	泛　霜	－	－
非烧结砖	干燥收缩	平均值计量标准型 s 法抽样方案	GB 8054
	碳化系数		
多孔砖、空心砖	孔洞率	不合格品率计数抽样方案	GB 2828
空心砖	体积密度	平均值计量标准型 s 法抽样方案	GB 8054

7 抽样方法

7.1 一般规定

a. 验收检验的抽样应在供方堆场上由供需双方人员会同进行。

b. 检验批应以堆垛形式合理堆放，使得能从任何一个指定的砖垛中抽样。若砖垛堆放紧密到只能从其周围去获得样品时，只有在周围砖垛数量大于抽样砖垛数量，并可信其质量的代表性均匀时，允许在周围砖垛中抽样。否则应由需方指定搬走无代表性的砖垛后进行；或经供需双方商定检检批不合格时的处理规定后，在需方装车过程中按预先规定的抽样位置从露出的砖垛中抽样。

c. 确定抽样位置的同时，还必须规定该样品的检验内容。不论抽样位置上砌墙砖质量如何，不允许以任何理由以别的砖替代。抽取样品后，在样品上标志表示检验内容的编号，检验时也不允许变更检验内容。

7.2 确定抽样数量

抽样数量由检验项目确定（必要时，可增加适量备用样品）两个以上检验项目时，下列非破坏性检验项目的砖样允许在检验后继续用作其他检验，抽样数量可不包括重复使用的样品数：

a. 外观质量；

b. 尺寸偏差；

c. 体积密度；

d. 孔洞率。

7.3 编定产品位置顺序

7.3.1 从砖垛中抽样

对检验批中可抽样的砖垛（全部砖垛或周围的砖垛）、砖垛中砖层和砖层中的砖块位置各依一定顺序编号。编号不需标志在实体上，只作到明确起点位置和编号顺序即可。

7.3.2 从砖样中抽样

凡安排需从检验后的样品中继续抽样供其他检验使用的非破坏性检验项目，应在其从砖垛中抽样的过程中按抽样先后顺序给予编号，并标志顺序号于砖样上，作为继续抽样的位置顺序。

7.4 决定抽样位置

7.4.1 从砖垛中抽样

7.4.1.1 确定抽样砖垛及垛中抽样数量

根据批中可抽样砖垛数量和抽样数量由表4决定抽样砖垛数和垛中抽取的砖样数量。

表 4

抽样数量，块	可抽样砖垛数，垛	抽样砖垛数，垛	垛中抽样数，块
50	≥250	50	1
	125～<250	25	2
	<125	10	5

续表

抽样数量，块	可抽样砖垛数，垛	抽样砖垛数，垛	垛中抽样数，块
20	≥100	20	1
	<100	10	2
10或5	任　意	10或5	1

7.4.1.2　确定抽样砖垛位置

以抽样砖垛数除可抽样砖垛数得到整数商 a 和余数 b。从 1～b 的数值范围内（若 $b=0$ 时，按 $b=a$ 计数）确定一个随机数码 R_{an}［方法见附录 A（参考件）］。抽样砖垛位置即从第 R_{an} 垛开始，以后每隔 $a-1$ 垛为抽样砖垛。

7.4.1.3　确定抽样砖垛中的抽样位置

砖样在砖垛中的抽样位置由砖垛中层数范围内和砖层中砖块数量范围内的一对随机数码所确定。垛中需要抽取几块样品时，则相应确定几对随机数码即可。

7.4.2　从检验过的样品中抽样

每一检验项目由其所需抽样数量先从表 5 中查出抽样起点范围及抽样间隔。然后从其规定的范围内确定一个随机数码，即得到抽样起点的位置。按起点位置和抽样间隔实施抽样。若有两个以上检验项目时，应分别按各自所需的抽样数量从表 7 查出相应的抽样起点范围和抽样间隔，与单个项目时的步骤一样实施抽样。各个随机数码中不允许出现相同数码，出现时应舍去重新确定。

表 5　（块）

检验过的砖样数	抽样数量	抽样起点范围	抽样间隔
50	20	1～10	1
	10	1～5	4
	5	1～10	9
20	10	1～2	1
	5	1～4	3

8 检验批的处理

8.1 合格批的处理

全部检验项目判定为合格的检验批，称为合格批。需方必须整批接收。

8.2 不合格批的处理

全部检验项目中有一项或一项以上判定为不合格的检验批，称为不合格批。需方有权拒收，退回供方。

对外观质量不合格的检验批，允许供方进行全数检查、剔除不合格品后，再次提交检验，其他的不合格品由供方按实际质量水平予以降等或降级后另行处理。

附　录　A

随机数码求取方法

（参考件）

随机数码的求取有计算机或计算器随机发生器、随机数码表、机械随机化装置、骰子、随机卡片等方法。可由供需双方选择使用，但仲裁性检验只能采用计算机、计算器或随机数码表。本标准推荐使用随机数码表（见表A1）法。

表 A1　随机数码表

03 47 43 73 86	36 96 47 36 61	46 98 53 71 62	33 22 16 80 45	60 14 14 10 95
97 74 24 67 62	42 81 14 57 20	42 53 32 37 32	27 07 36 07 51	24 51 79 89 73
16 76 62 27 66	56 50 26 71 07	32 90 79 78 53	13 55 38 58 59	88 97 54 14 10
12 96 85 99 26	96 96 68 27 31	05 03 72 93 15	57 12 10 14 21	88 26 49 81 76
55 59 56 35 64	38 54 82 46 72	31 62 43 09 09	06 18 44 32 53	23 83 01 30 30
15 22 77 94 39	49 54 43 54 82	17 37 93 23 78	87 35 20 96 43	84 26 34 91 64
84 42 17 53 31	57 24 55 06 88	77 07 74 47 67	21 76 33 50 25	83 92 12 06 76
63 01 63 78 59	16 95 55 67 19	98 10 50 71 75	12 86 73 58 07	44 39 52 38 79
33 21 12 34 29	78 64 56 07 82	52 42 07 44 38	15 21 00 13 42	99 66 02 79 54
57 60 86 32 44	09 47 27 96 54	49 17 46 09 62	90 52 84 77 27	08 02 73 43 28
18 18 07 92 45	44 17 16 58 09	79 83 86 19 62	06 76 50 03 10	55 23 64 05 05
26 62 38 97 75	84 16 07 44 99	83 11 46 32 24	20 14 85 88 45	10 93 72 88 71
23 42 40 64 74	82 97 77 77 81	07 45 32 14 08	32 98 94 07 72	93 85 79 10 75
52 36 28 19 95	50 92 26 11 97	00 56 76 31 38	80 22 02 53 53	86 60 42 04 53
37 85 94 35 12	83 39 50 08 30	42 34 07 96 88	54 42 06 87 98	35 85 29 48 39
70 29 17 12 13	40 33 20 38 26	13 98 51 03 74	17 76 37 13 04	07 74 21 19 30
56 62 18 37 35	96 83 50 87 75	97 12 25 93 47	70 33 24 03 54	97 77 46 44 80
99 49 57 22 77	88 42 95 45 72	16 64 36 16 00	04 43 18 66 79	94 77 24 21 90
16 08 15 04 72	33 27 14 34 09	45 59 34 68 49	12 72 07 34 45	99 27 72 95 14
31 16 93 32 3	50 27 29 87 19	20 15 37 00 9	52 85 66 60 44	36 68 88 11 80
68 34 30 13 70	55 74 30 77 40	44 22 78 84 26	04 33 46 09 52	68 07 97 06 57
74 57 25 65 76	59 29 97 68 60	71 91 38 67 54	13 58 18 24 76	15 54 55 95 52
27 42 37 86 53	48 55 90 65 72	96 57 69 36 10	96 46 92 42 45	97 60 49 04 91
00 39 68 29 61	66 37 32 20 30	77 84 57 03 29	10 45 65 04 26	11 04 96 67 24
29 94 98 94 24	68 49 69 10 82	53 75 91 93 30	34 25 20 57 27	40 48 73 51 92

续表

16 90 82 66 59	83 62 64 11 12	67 19 00 71 74	60 47 21 29 68	02 02 37 03 31
11 27 94 75 06	06 09 19 74 66	02 94 37 34 02	76 70 90 30 86	38 45 94 30 38
35 24 10 16 20	33 32 51 26 38	79 78 45 04 91	16 92 53 56 16	02 75 50 95 98
38 23 16 86 38	42 38 97 01 50	87 75 66 81 41	40 01 74 91 62	48 51 84 08 32
31 96 25 91 47	96 44 33 49 13	34 86 82 53 91	00 52 43 48 85	27 55 26 89 62
66 67 40 67 14	64 05 71 95 86	11 05 65 09 68	76 83 20 37 90	57 16 00 11 66
14 90 84 45 11	75 73 88 05 90	52 27 41 14 86	22 98 12 22 08	07 52 74 95 80
68 05 51 18 00	33 96 02 75 19	07 60 62 93 55	59 33 82 43 90	49 37 38 44 59
20 46 78 73 90	97 51 40 14 02	04 02 33 31 08	39 54 16 49 36	47 95 93 13 30
64 19 58 97 79	15 06 15 93 20	01 90 10 75 06	40 78 78 89 62	02 67 74 17 33
05 26 93 70 60	22 35 85 15 13	92 03 51 59 77	59 56 78 06 83	52 91 05 70 74
07 97 10 88 23	09 98 42 99 64	61 71 62 99 15	06 51 29 16 93	58 05 77 09 51
68 71 86 85 85	54 87 66 47 54	73 32 08 11 12	44 95 92 63 16	29 56 24 29 48
26 99 61 65 53	58 37 78 80 70	42 10 50 67 42	32 17 55 85 74	94 44 67 16 94
14 65 52 68 75	87 59 36 22 41	26 78 63 06 55	13 08 27 01 50	15 29 39 39 43
17 53 77 58 71	71 41 61 50 72	12 41 94 96 26	44 95 27 36 99	02 96 74 30 83
90 26 59 21 19	23 52 23 33 12	96 93 02 18 39	07 02 18 36 07	25 99 32 70 23
41 23 52 55 99	31 04 49 69 96	10 47 48 45 88	13 41 43 89 20	97 17 14 49 17
60 20 50 81 69	31 99 73 68 68	35 81 33 03 76	24 30 12 48 60	18 99 10 72 34
91 25 38 05 90	94 58 28 41 36	45 37 59 03 09	90 35 57 29 12	82 62 54 65 60
34 50 57 74 37	98 80 33 00 91	09 77 93 19 82	74 94 80 04 04	45 07 31 66 49
85 22 04 39 43	78 81 53 94 79	33 62 46 86 28	08 31 54 46 81	53 94 13 38 47
09 79 13 77 48	43 82 97 22 21	05 03 27 24 83	72 89 44 05 60	35 80 39 94 88
88 75 80 18 14	22 95 75 42 49	39 32 82 22 49	02 48 07 70 37	16 04 61 67 87
90 96 23 70 00	39 00 03 06 90	55 85 78 38 36	94 37 30 69 32	90 89 00 76 33

A1 单个随机数的决定

先以针状物或笔尖在随机数码表上随意指点，其所指处附近的两位数即为查取随机数码的行号。再次随意指点得到的两位数则为列号。当两位数大于 50 时，取减去 50 后的余数。余数为 0 时当作 50。然后依行号从随机数表上端向下数出需要的随机数行位置。再从此行从左向右以 1 位数码为 1 个单位，数出随机数码的所在列，该位置的数码即为决定的随机数码。需要 1 位数时，以该位置读数，需要两位数时，则以该位置所在的两位数读数。

A2 数个随机数码的决定

要求 1 个以上随机数时，可从 A1 决定的随机数码位置向上、向下、向左或向右（事前商定，一般向右）顺序读取。舍去出现过的重复数码，真到取够为止。

A3　随机数码修正

实际使用时，决定的随机数码有可能出现超出要求范围（大于 b）的数码，此时，以 b 除随机数码得到的余数即为修正后符合要求范围的随机数码。若余数为 0 时，则随机数码修正为 b。

A2　示例

试决定 1～5 范围内的 3 个随机数码的数列。

假定铅笔尖随意指点得到 2 个数码分别为 88 和 26。88 修正为 38。随机数码即在第 38 行的第 26 列的位置上，从随机数码表上查得为 8。由此向右读得数字串为 811124……，舍去重复出现的 1 后得 8，1，2 三个随机数码。随机数码 8 修正为 3。

故得到随机数码的数列为 3，1，2。

附　录　B
抽　样　示　例
（参考件）

某厂的烧结普通砖，批量为 2.6 万块，供需双方商定的检验项目及抽样数量见表 B1。

表 B1

序　号	检验项目	样品数量，块
1	尺寸偏差	20
2	强度等级	10
3	抗冻性能	10
4	吸水率	5
5	石灰爆裂	5
6	泛　霜	5
7	外观质量	50
8	备用砖样	5

B1　实施抽样步骤如下：

由于外观质量和尺寸偏差检验后的样品可用于其他检验项

目，故决定外观检验50块砖样检验后继续用作其他项目检验。具体安排如下：50块外观质量检验后的砖样中抽取35块砖样供2，3，4，5，6，8项目之用，并决定2，3二个项目的20块砖样兼用于尺寸偏差检验，具体安排列于表B2。

表B2

序号	检验项目	检验数量，块	指定的随机数码
1	尺寸偏差	20	第1，2，3，4随机数
2	强度等级	10	尺寸检验后的第1，2随机数
3	抗冻性能	10	尺寸检验后的第3，4随机数
4	吸水率	5	第5随机数
5	石灰爆裂	5	第6随机数
6	泛霜	5	第7随机数
7	备用砖样	5	第8随机数

B2 检验批中砖垛共130垛（每垛200块），抽样数量为50块砖样，查表5得到抽样砖垛数为25垛，每垛需抽取2块砖样。

B3 检验批的砖垛堆放形式为10垛×13垛方阵，经观察检查可信其四周砖垛具有代表性，可供抽样的周围三条边界上的砖垛共有31垛，超过了抽样砖垛数量，可同意从四周的31垛砖垛中抽样。

B4 以25除31得到整数商1及余数6，从1～6范围内确定1个随机数码，并从1～10（垛中砖层数）和1～20（层中砖块数）范围内各确定2个随机数码。假定这5个随机数码依次为3，8，1，2，5则表示50块外观质量检验用砖样从第3垛开始，抽样间隔为0，每垛从第8层的第1块和第2层的第5块取2块砖样，直到取够50块为止。

B5 由于此批砖样尚需供其他检验使用，抽样的同时依先后顺序编上1～50顺序号，并进一步决定从砖样中抽样的位置。考虑到2，3，4，5，6，8项目的各样本量都是5或5的倍数，为便于安排抽样，决定以5块砖样编为一个基本抽样单位，共取8个随机数码，按表 B2 的指定分配给各项目。

B6 按抽样数量为 5，从 50 块砖样中再抽样，根据表 5 规定，从 1～10 范围内随机定出 8 个不相同的随机数码，譬如为 3，8，10，4，2，7，5，6 则编号为 3，13，23，33，43 的 5 块砖样和 8，18，28，38，48 的 5 块砖样用于强度等级检验。10，20，30，40，50 的 5 块和 6，16，26，36，46 的 5 块用于冻融试验。4，14，24，34，44 的 5 块用于吸水率试验。2，12，22，32，42 的 5 块用于石灰爆裂试验。7，17，27，37，47 的 5 块用于泛霜试验，5，15，25，35，45 的 5 块作备用砖样。其中强度等级和抗冻性能的 20 块砖样应先检验尺寸偏差后再进行试验。

附加说明：

本标准由西北建筑工程学院和国家建筑材料工业局标准化研究所负责起草。

本标准主要起草人陈剑光、刘殿文、赵秋辉、陈伟良。

十、混凝土小型空心砌块试验方法

GB/T 4111—1997 代替 GB 4111—83

Test methods for the small concrete hollow block

1 范围

本标准规定了混凝土小型空心砌块的尺寸、外观、抗压强度、抗折强度、块体密度、空心率、含水率、吸水率、相对含水率、干燥收缩、软化系数、碳化系数、抗冻性和抗渗性的试验方法。

本标准适用于墙体用的以各种混凝土制成的小型空心砌块（以下简称砌块）。

2 尺寸测量和外观质量检查

2.1 量具

2.1.1 钢直尺或钢卷尺：分度值 1mm。

2.2 尺寸测量

2.2.1 长度在条面的中间，宽度在顶面的中间，高度在顶面的中间测量。每项在对应两面各测一次，精确至 1mm。

2.2.2 壁、肋厚在最小部位测量，每选两处各测一次，精确至 1mm。

2.3 外观质量检查

2.3.1 弯曲测量：将直尺贴靠坐浆面、铺浆面和条面，测量直尺与试件之间的最大间距见图 1，精确至 1mm。

2.3.2 缺棱掉角检查：将直尺贴靠棱边，测量缺棱掉角在长、宽、高度三个方向的投影尺寸见图 2，精确至 1mm。

国家技术监督局 1997-05-06 批准　　　1997-11-01 实施

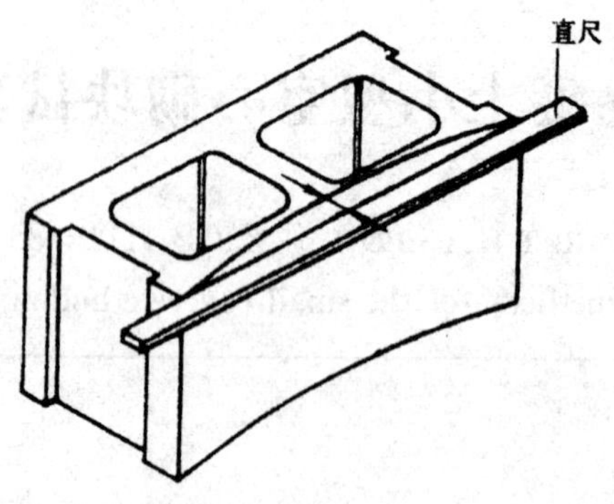

图 1　弯曲测量法

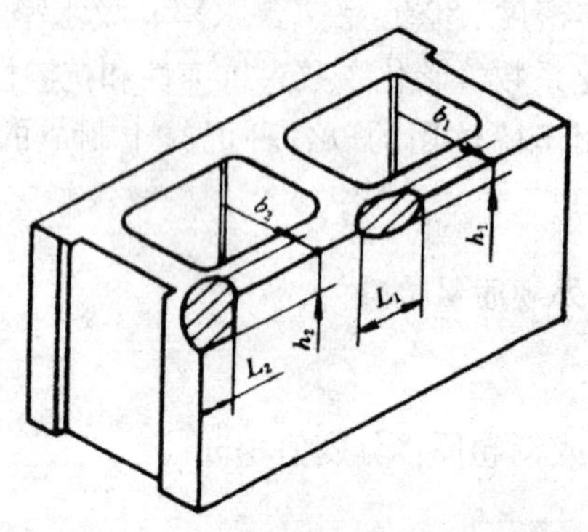

图 2　缺棱掉角尺寸测量法

L—缺棱掉角在长度方向的投影尺寸；

b—缺棱掉角在宽度方向的投影尺寸；

h—缺棱掉角在高度方向的投影尺寸

2.3.3　裂纹检查：用钢直尺测量裂纹在所在面上的最大投影尺寸见图 3 中的 L_2 或 h_3，如裂纹由一个面延伸到另一个面时，则累计其延伸的投影尺寸见图 3 中的 b_1+h_1，精确至 1mm。

2.4　测量结果

2.4.1　试件的尺寸偏差以实际测量的长度、宽度和高度与规定尺寸的差值表示。

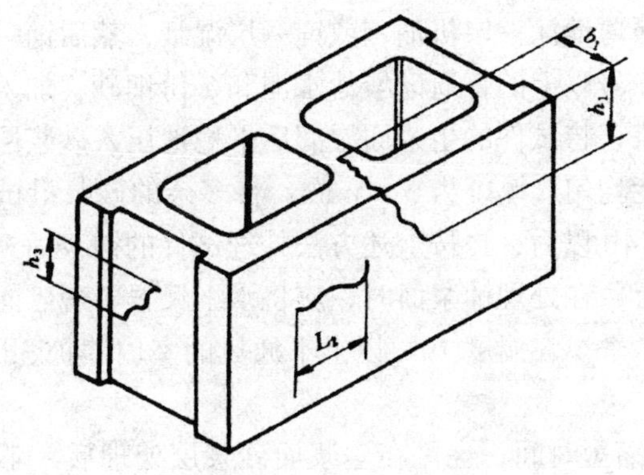

图 3　裂纹长度测量法

L—裂纹在长度方向的投影尺寸；

b—裂纹在宽度方向的投影尺寸；

h—裂纹在高度方向的投影尺寸

2.4.2　弯曲、缺棱掉角和裂纹长度的测量结果以最大测量值表示。

3　抗压强度试验

3.1　设备

3.1.1　材料试验机：示值误差应不大于 2%，其量程选择应能使试件的预期破坏荷载落在满量程的 20%～80%。

3.1.2　钢板：厚度不小于 10mm，平面尺寸应大于 440mm × 240mm。钢板的一面需平整，精度要求在长度方向范围内的平面度不大于 0.1mm。

3.1.3　玻璃平板：厚度不小于 6mm，平面尺寸与钢板的要求同。

3.1.4　水平尺。

3.2　试件

3.2.1　试件数量为五个砌块。

3.2.2　处理试件的坐浆面和铺浆面，使之成为互相平行的平面。将钢板置于稳固的底座上，平整面向上，用水平尺调至水平。在钢板上先薄薄地涂一层机油，或铺一层湿纸，然后铺一层以1份重量的325号以上的普通硅酸盐水泥和2份细砂，加入适量的水调成的砂浆，将试件的坐浆面湿润后平稳地压入砂浆层内，使砂浆层尽可能均匀，厚度为3~5mm。将多余的砂浆沿试件棱边刮掉，静置24h以后，再按上述方法处理试件的铺浆面。为使两面能彼此平行，在处理铺浆面时，应将水平尺置于现已向上的坐浆面上调至水平。在温度10℃以上不通风的室内养护3d后做抗压强度试验。

3.2.3 为缩短时间，也可在坐浆面砂浆层处理后，不经静置立即在向上的铺浆面上铺一层砂浆、压上事先涂油的玻璃平板，边压边观察砂浆层，将气泡全部排除，并用水平尺调至水平，直至砂浆层平而均匀，厚度达3~5mm。

3.3 试验步骤

3.3.1 按2.2.1的方法测量每个试件的长度和宽度，分别求出各个方向的平均值，精确至1mm。

3.3.2 将试件置于试验机承压板上，使试件的轴线与试验机压机的压力中心重合，以10~30kN/s的速度加荷，直至试件破坏。记录最大破坏荷载P。

若试验机压板不足以覆盖试件受压面时，可在试件的上、下承压面加辅助钢压板。辅助钢压板的表面光洁度应与试验机原压板同，其厚度至少为原压板边至辅助钢压板最远角距离的三分之一。

3.4 结果计算与评定

3.4.1 每个试件的抗压强度接式（1）计算，精确至0.1MPa。

$$R=\frac{P}{LB} \tag{1}$$

式中 R——试件的抗压强度，MPa；

P——破坏荷载，N；

L——受压面的长度，mm；

B——受压面的宽度，mm。

3.4.2 试验结果以五个试件抗压强度的算术平均值和单块最小值表示，精确至 0.1MPa。

4 抗折强度试验

4.1 设备

4.1.1 材料试验机的技术要求同 3.1.1。

4.1.2 钢棒：直径 35～40mm，长度 210mm，数量为三根。

4.1.3 抗折支座：由安放在底板上的两根钢棒组成，其中至少有一根是可以自由滚动的见图 4。

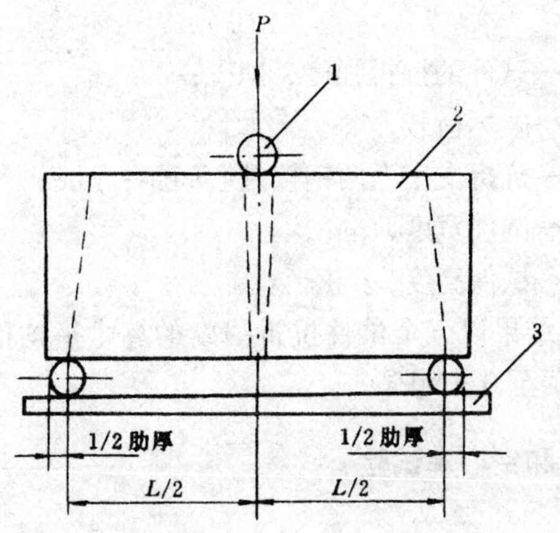

图 4 抗折强度示意图

1—钢棒；2—试件，3—抗折支座

4.2 试件

4.2.1 试件数量为五个砌块。

4.2.2 按 2.2.1 的方法测量每个试件的高度和宽度，分别求出各个方向的平均值。

4.2.3 试件表面处理按 3.2.2、3.2.3 的规定进行。表面处理后应将试件孔洞处的砂浆层打掉。

4.3 试验步骤

4.3.1 将抗折支座置于材料试验机承压板上，调整钢棒轴线间的距离，使其等于试件长度减一个坐浆面处的肋厚，再使抗折支座的中线与试验机压板的压力中心重合。

4.3.2 将试件的坐浆面置于抗折支座上。

4.3.3 在试件的上部二分之一长度处放置一根钢棒见图 4。

4.3.4 以 250N/s 的速度加荷直至试件破坏。记录最大破坏荷载 P。

4.4 结果计算与评定

4.4.1 每个试件的抗折强度接式（2）计算，精确至 O.1MPa。

$$R_z = \frac{3PL}{2BH^2} \tag{2}$$

式中 R_z——试件的抗折强度，MPa；

P——破坏荷载，N；

L——抗折支座上两钢棒轴心间距，mm；

B——试件宽度，mm；

H——试件高度，mm。

4.4.2 试验结果以五个试件抗折强度的算术平均值和单块最小值表示，精确至 0.1MPa。

5 块体密度和空心率试验

5.1 设备

5.1.1 磅秤：最大称量 50kg，感量 0.05kg。

5.1.2 水池或水箱。

5.1.3 水桶：大小应能悬浸一个主规格的砌块。

5.1.4 吊架：见图 5。

5.1.5 电热鼓风干燥箱。

5.2 试件数量

试件数量为三个砌块。

5.3 试验步骤

5.3.1 按 2.2.1 的方法测量试件的长度、宽度、高度、分别求出各个方向的平均值，计算每个试件的体积 V，精确至 $0.001m^3$。

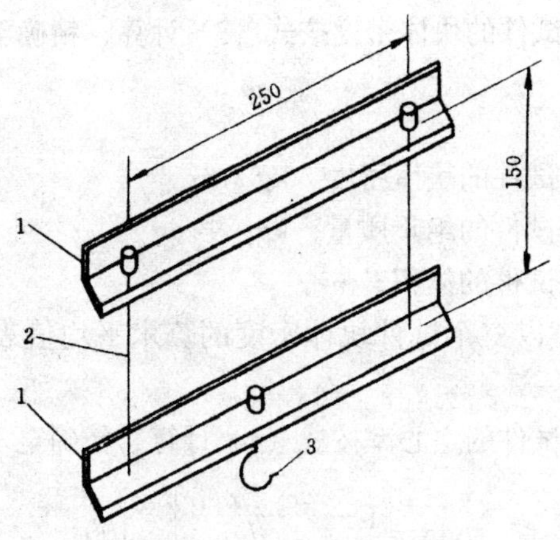

图 5　吊架 1

1—角钢（30mm×30mm）；2—拉筋；

3—钩子（与两端拉筋等距离）

5.3.2　将试件放入电热鼓风干燥箱内，在（105±5）℃温度下至少干燥 24h，然后每间隔 2h 称量一次，直至两次称量之差不超过后一次称量的 0.2%为止。

5.3.3　待试件在电热鼓风干燥箱内冷却至与室温之差不超过 20℃后取出，立即称其绝干质量 m，精确至 0.05kg。

5.3.4　将试件浸入室温 15℃～25℃的水中，水面应高出试件 20mm 以上，24h 后将其分别移到水桶中，称出试件的悬浸质量 m_1，精确至 0.05kg。

5.3.5　称取悬浸质量的方法如下：将磅秤置于平稳的支座上，在支座的下方与磅秤中线重合处放置水桶。在磅秤底盘上放置吊架，用铁丝把试件悬挂在吊架上，此时试件应离开水桶的底面且全部浸泡在水中。将磅秤读数减去吊架和铁丝的质量，即为悬浸质量。

5.3.6　将试件从水中取出，放在铁丝网架上滴水 1min，再用拧干的湿布拭去内、外表面的水，立即称其面干潮湿状态的质量 m^2，精确至 0.05kg。

5.4　结果计算与评定

5.4.1 每个试件的块体密度按式（3）计算，精确至 10kg/m³

$$\gamma=\frac{m}{V} \tag{3}$$

式中 γ——试件的块体密度，kg/m³；

m——试件的绝干质量，kg；

V——试件的体积，m³。

块体密度以三个试件块体密度的算术平均值表示。精确至10kg/m³。

5.4.2 每个试件的空心率按式（4）计算，精确至 1%：

$$K_{\gamma}=\left[1-\frac{\dfrac{m_2-m_1}{d}}{V}\right]\times 100 \tag{4}$$

式中 K_{γ}——试件的空心率，%；

m_1——试件的县浸质量，kg；

m_2——度件面干潮湿状态的质量，kg；

V——试件的体积，m³；

d——水的密度，1000kg/m³。

砌块的空心率以三个试件空心率的算术平均值表示。精确至1%。

6 含水率、吸水率和相对含水率试验

6.1 设备

6.1.1 电热鼓风干燥箱。

6.1.2 磅秤：最大称量 50kg，感量 0.05kg。

6.1.3 水池或水箱。

6.2 试件数量

试件数量为三个砌块。试件如需运至远离取样处试验，则在取样后应立即用塑料袋包装密封。

6.3 试验步骤

6.3.1 试件取样后立即称取其质量 m_0。如试件用塑料袋密封

运输，则在拆袋前先将试件连同包装袋一起称量，然后减去包装袋的质量（袋内如有试件中析出的水珠，应将水珠拭干），即得试件在取样时的质量，精确至0.05kg。

6.3.2 按5.3.2、5.3.3的方法将试件烘干至恒重，称取其绝干质量 m。

6.3.3 将试件浸入室温15℃～25℃的水中，水面应高出试件20mm以上。24h后取出，按5.3.6的规定称量试件面干潮湿状态的质量 m_2，精确至0.05kg。

6.4 结果计算与评定

6.4.1 每个试件的含水率按式（5）计算，精确至0.1%。

$$W_1 = \frac{m_0 - m}{m} \tag{5}$$

式中 W_1——试件的含水率，%；

m_0——试件在取样时的质量，kg；

m——试件的绝干质量，kg。

砌块的含水率以三个试件含水率的算术平均值表示。精确至0.1%。

6.4.2 每个试件的吸水率按式（6）计算，精确至0.1%：

$$W_2 = \frac{m_2 - m}{m} \times 100 \tag{6}$$

式中 W_2——试件的吸水率，%；

m_2——试件面干潮湿状态的质量，kg；

m——试件的绝干质量，kg。

砌块的吸水率以三个试件吸水率的算术平均值表示。精确至0.1%。

6.4.3 砌块的相对含水率接式（7）计算，精确至0.1%：

$$W = \frac{\overline{W_1}}{\overline{W_2}} \times 100 \tag{7}$$

式中 W——砌块的相对含水率，%；

$\overline{W}_1$——砌块出厂时的含水率，%；

$\overline{W}_2$——砌块的吸水率，%。

7 干燥收缩试验

7.1 设备和仪器

7.1.1 手持应变仪，标距 250mm。

7.1.2 电热鼓风干燥箱。

7.1.3 水池或水箱。

7.1.4 测长头：由不锈钢或黄铜制成，见图 6。

7.1.5 冷却干燥箱：可用铁皮焊接，尺寸应为 650mm×600mm×220mm（长×宽×高），盖子直紧密。

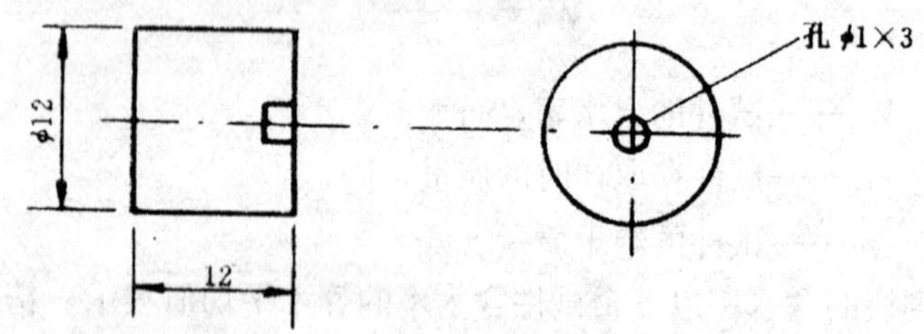

图 6 测长头

7.2 试件

7.2.1 试件每组为三个砌块。

7.2.2 用硅酸盐水泥；水泥－水玻璃浆或环氧树脂在每个试件任一条面的二分之一高度处沿水平方向粘上两个测长头。间距为 250mm。

7.3 试验步骤

7.3.1 将侧长头粘结牢固后的试件浸入室温 15℃～25℃的水中，水面高出试件 20mm 以上，浸泡 4d。但在测试前 4h 水温应保持为（20±3）℃。

7.3.2 将试件从水中取出，放在铁丝网架上滴水 1min，再用拧干的湿布拭去内外表面的水，立即用手持应变仪测量两个恻长头

之间的初始长度 L，精确至 0.001mm。手持应变仪在测长前需用标准杆调整或校核，要求每组试件在 15min 内测完。

7.3.3 将试件静置在室内，2d 后放入温度（50±3)℃的电热鼓风干燥箱内，湿度用放在浅盘中的氯化钙过饱和溶液控制，当电热鼓风干燥箱容量为 $1m^3$ 时，溶液暴露面积应不小于 $0.3m^2$，氯化钙固体应始终露出液面。

7.3.4 试件在电热鼓风干燥箱中干燥 3d 后取出，放入室温为 (20±3)℃的冷却干燥箱内，冷却 3h 后用手持应变仪测长一次。

7.3.5 将试件放回电热鼓风干燥箱进行第二周期的干燥。第二周期的干燥及以后各周期的干燥延续时间均为 2d。干燥结束后再按 7.3.4 的规定冷却和测长。为保证干燥均匀，试件在冷却和侧长后再放入电热鼓风干燥箱时，应变换一下位置。

反复进行烘干和测长，直到试件长度达到稳定。长度达到稳定系指试件在上述温、湿度条件下连续干燥三个周期后，三个试件长度变化的平均值不超过 0.005mm。此时的长度即为干燥后的长度 L_0。

7·4 结果计算与评定

7.4.1 每个试件的干燥收缩值，按式（8）计算，精确至 0.01mm/m。

$$S=\frac{L-L_0}{L_0}\times 1000 \tag{8}$$

式中 S——试件干燥收缩值，mm/m；

L——试件的初始长度，mm；

L_0——试件干燥后的长度，mm。

7.4.2 砌块的干燥收缩值以三个试件干燥收缩值的算术平均值表示，精确至 0.01mm/m。

8 软化系数试验

8.1 设备

8.1.1 抗压强度试验设备同 3.1。

8·1·2　水池或水箱。

8.2　试件

8.2.1　试件数量为两组十个砌块。

8.2.2　试件表面处理按 3.2.2、3.2.3 的规定进行。

8.3　试验步骤

8.3.1　从经过表面处理和静置 24h 后的两组试件中，任取一组五个试件浸入室温 15℃～25℃的水中，水面高出试件 20mm 以上，浸泡 4d 后取出，在铁丝网架上滴水 1min，再用拧干的湿布拭去内、外表面的水。

8.3.2　将五个饱和面干的试件和其余五个气干状态的对比试件按 3.3 的规定进行抗压强度试验。

8.4　结果计算与评定

8.4.1　砌块的软化系数按式（9）计算，精确至 0.01；

$$K_f = \frac{R_f}{R} \tag{9}$$

式中　K_f——砌块的软化系数；

R_f——五个饱和面干试件的平均抗压强度，MPa;

R——五个气干状态的对比试件的平均抗压强度，MPa。

9　碳化系数试验

9.1　设备、仪器和试剂

9.1.1　二氧化碳钢瓶。

9.1.2　碳化箱：可用铁板制作，大小应能容纳分两层放置七个试件，盖子宜紧密。

9.1.3　二氧化碳气体分析仪。

9.1.4　1%酚酞乙醇溶液：用浓度为 70%的乙醇配制。

9.1.5　抗压强度试验设备同 3.1。

9.1.6　碳化装置的连接见图 7。

9.2　试件

9.2.1 试件数量为两组 12 个砌块。一组五块为对比试件，一组七块为碳化试件，其中两块用于测试碳化情况。

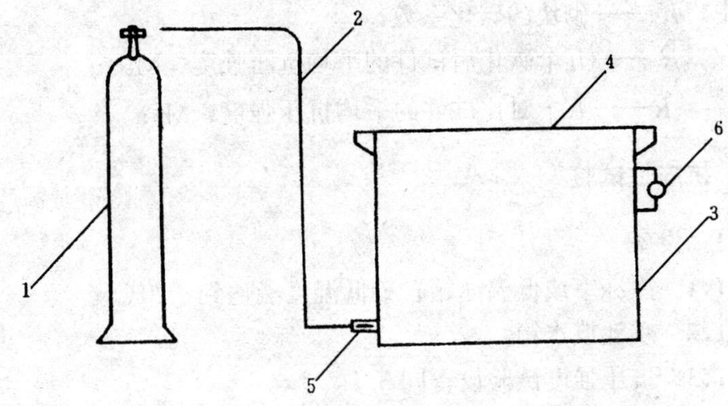

图 7 碳化装置示意图

1—二氧化碳钢瓶；2—通气橡皮管；3—碳化箱；
4—箱盖；5—进气口；6—接气体分析仪

9.2.2 试件表面处理按 3.2.2 和 3.2.3 的规定进行。表面处理后应将试件孔洞处的砂浆层打掉。

9.3 试验步骤

9.3.1 将七个碳化试件放入碳化箱内，试件间距不得小于 20mm。

9.3.2 将二氧化碳气体通入碳化箱内，用气体分析仪控制箱内的二氧化碳浓度在（20±3）%。碳化过程中如箱内湿度太大，应采取排湿措施。

9.3.3 碳化 7d 后，每天将同一个试件的局部劈开，用 1% 的酚酞乙醇溶液检查碳化深度，当试件中心不显红色时，则认为箱中所有试件全部碳化。

9.3.4 将已全部碳化的五个试件和五个对比试件按 3.3 的规定进行抗压强度试验。

9.4 结果计算与评定

9.4.1 砌块的碳化系数按式（10）计算，精确至 0.01。

$$K_c = \frac{R_C}{R} \tag{10}$$

式中 K_c——砌块的碳化系数；

R_c——五个碳化后试件的平均抗压强度，MPa；

R——五个对比试件的平均抗压强度，MPa。

10 抗冻性试验

10.1 设备

10.1.1 冷冻室或低温冰箱；最低温度能达到－20℃。

10.1.2 水池或水箱。

10.1.3 抗压强度试验设备同3.1。

10.2 试件

试件数量为两组十个砌块。

10.3 试验步骤

10.3.1 分别检查十个试件的外表面，在缺陷处涂上油漆，注明编号，静置待干。

10.3.2 将一组五个冻融试件浸入10℃～20℃的水池或水箱中，水面应高出试件20mm以上，试件间距不得小于20mm。另一组五个试件作对比试验。

10.3.3 浸泡4d后从水中取出试件，在支架上滴水1min，再用拧干的温布拭去内、外表面的水，立即称量试件饱和面干状态的质量 m_3，精确至0.05kg。

10.3.4 将五个冻融试件放入预先降至－15℃的冷冻室或低温冰箱中，试件应放置在断面为20mm×20mm的木条制作的格栅上，孔洞向上，间距不小于20mm。当温度再次降至－15℃时开始计时。冷冻4h后将试件取出，再置于水温为10℃～20℃的水池或水箱中融化2h。这样一个冻冷和融化的过程即为一个冻融循环。

10.3.5 每经5次冻融循环，检查一次试件的破坏情况，如开裂、缺棱、掉角、剥落等，并做出记录。

10.3.6 在完成规定次数的冻融循环后，将试件从水中取出，按10.3.3的方法称量试件冻融后饱和面干状态的质量 m_4。

10.3.7 冻融试件静置24h后与对比试件一起按3.2.2、3.2.3的方法作表面处理，在表面处理完24h后，按10.3.2、10·3·3和3·3的方法进行泡水和抗压强度试验。

10·4 结果计算与评定

10.4.1 报告五个冻融试件的外观检查结果。

10.4.2 砌块的抗压强度损失率按式（11）计算，精确至1%。

$$K_R = \frac{R_f - R_R}{R_f} \times 100 \quad (11)$$

式中 K_R——砌块的抗压强度损失率，%；

R_f——五个未冻融试件的平均抗压强度，MPa；

R_R——五个冻融试件的平均抗压强度，MPa。

10.4.3 每个试件冻融后的质量损失率按式（12）计算，精确至0.1%。

$$K_m = \frac{m_3 - m_4}{m_3} \times 100 \quad (12)$$

式中 K_m——试件的质量损失率，%；

m_3——试件冻融前的质量，kg；

m_4——试件冻融后的质量，kg。

砌块的质量损失率以五个冻融试件质量损失率的算术平均值表示，精确至0.1%。

10.4.4 抗冻性以冻融试件的抗压强度损失率、质量损失率和外观检验结果表示。

11 抗渗性试验

11.1 设备

11.1.1 抗渗装置见图8。

11.1.2 水池或水箱。

11.2 试件

11.2.1　试件数量为三个砌块。

11.2.2　将试件浸入室温15℃～25℃的水中，水面应高出试件20mm以上，2h后将试件从水中取出，放在铁丝网架上滴水1min，再用拧干的湿布拭去内、外表面的水。

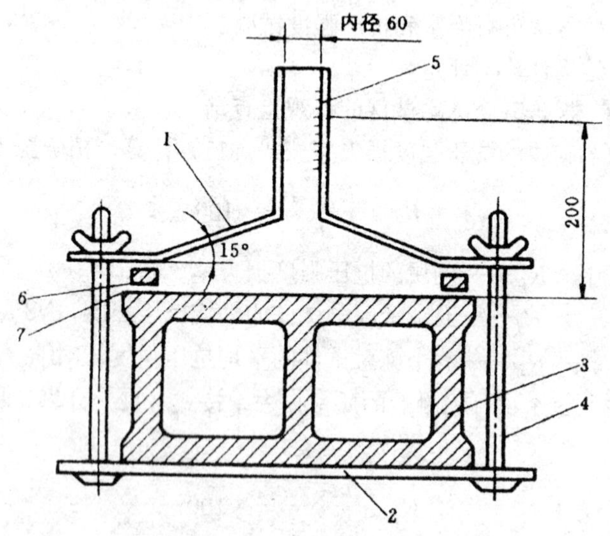

图8　抗渗装置示意图

1—上盖板；2—下托板；3—试件；4—紧固螺栓；5—带有刻度的玻璃管；6—橡胶海棉或泡沫橡胶条，厚100mm，宽20mm；7—20mm周边处涂黄油或其他密封材料

11.3　试验步骤

11.3.1　将试件放在抗渗装置中，使孔洞成水平状态见图8。在试件周边20mm宽度处涂上黄油或其他密封材料，再铺上像胶条，拧紧紧固螺栓，将上盖板压紧在试件上，使周边不漏水。

11.3.2　在30s内往玻璃筒内加水，使水面高出试件上表面20mm。

11.3.3　自加水时算起2h后测量玻璃筒内水面下降的高度。

11.4　结果评定

11.4.1　按三个试件上玻璃筒内水面下降的最大高度来评定。

12 试验报告

试验报告内容应包括

a）受检单位；

b）试样名称、编号、数量及规格尺寸；

c）送（抽）样日期；

d）检验项目；

e）依据标准；

f）检验类别；

g）试验结果与评定；

h）报告编号及报告日期；

i）检验单位与试验审核人员和单位技术负责人签章。

本标准负责起草单位：河南建筑材料研究设计院

本标准主要起草人：申国权　侯清熙　张风芝　陈红军　张太元　廖洪清

十一、砖砌体工程检验批质量验收记录表

GB50203—2002

020401□□□

<table>
<tr><td colspan="3">单位(子单位)工程名称</td><td colspan="3"></td></tr>
<tr><td colspan="3">分部(子分部)工程名称</td><td></td><td>验收部分</td><td></td></tr>
<tr><td colspan="3">施工单位</td><td></td><td>项目经理</td><td></td></tr>
<tr><td colspan="3">施工执行标准名称及编号</td><td colspan="3"></td></tr>
<tr><td colspan="4">施工质量验收规范的规定</td><td>施工单位检查评定记录</td><td>监理(建设)单位验收记录</td></tr>
<tr><td rowspan="7">主控项目</td><td>1</td><td>砖强度等级</td><td>设计要求 MU</td><td></td><td></td></tr>
<tr><td>2</td><td>砂浆强度等级</td><td>设计要求 M</td><td></td><td></td></tr>
<tr><td>3</td><td>水平灰缝砂浆饱满度</td><td>≥80%</td><td></td><td></td></tr>
<tr><td>4</td><td>斜槎留置</td><td>第 5.2.3 条</td><td></td><td></td></tr>
<tr><td>5</td><td>直槎拉结筋及接槎处理</td><td>第 5.2.4 条</td><td></td><td></td></tr>
<tr><td>6</td><td>轴线位移</td><td>≤10mm</td><td></td><td></td></tr>
<tr><td>7</td><td>垂直度(每层)</td><td>≤5mm</td><td></td><td></td></tr>
<tr><td rowspan="7">一般项目</td><td>1</td><td>组砌方法</td><td>第 5.3.1 条</td><td></td><td></td></tr>
<tr><td>2</td><td>水平灰缝厚度 10mm</td><td>8～12mm</td><td></td><td></td></tr>
<tr><td>3</td><td>基础顶面、楼面标高</td><td>±15mm</td><td></td><td></td></tr>
<tr><td>4</td><td>表面平整度(混水)</td><td>8mm</td><td></td><td></td></tr>
<tr><td>5</td><td>门窗洞口高度宽</td><td>±5mm</td><td></td><td></td></tr>
<tr><td>6</td><td>外墙上下窗口偏移</td><td>20mm</td><td></td><td></td></tr>
<tr><td>7</td><td>水平灰缝平直度</td><td>10mm</td><td></td><td></td></tr>
<tr><td colspan="3" rowspan="2">施工单位检查评定结果</td><td>专业工长(施工员)</td><td></td><td>施工班组长</td></tr>
<tr><td colspan="3">项目专业质量检查员：　　　年　月　日</td></tr>
<tr><td colspan="3">监理(建设)单位验收结论</td><td colspan="3">专业监理工程师：
(建设单位项目专业技术负责人)：　年　月　日</td></tr>
</table>

说　明

主控项目：

1. 砖及砂浆强度等级，按设计要求检查和验收

   砖应有进场验收报告，批量及强度满足设计要求为合格

   砂浆有配合比报告，计量配制，按规定留试块，在试块强度未出来之前，先将试块编号填写，出来后核对，并在分项工程中，按规定进行批强度评定，符合要求为合格。
2. 水平灰缝砂浆饱满度不小于80%。用百格网检查每检验批不少于5处，每处3块砖，砖底面砂浆痕迹的面积，取平均值。不小于80%为合格。
3. 斜槎留置，按规范留置，水平投影长度不小于高度的2/3为合格。
4. 直槎拉结筋及接槎处理。按规定设置，留槎正确，拉结筋数量、直径正确，竖向间距偏差±100mm，留置长度基本正确为合格。
5. 轴线位置偏移10mm，经纬仪、尺量及吊线测量，不大于10mm为合格。

   垂直度每层5mm，2m托线板，不超过5mm为合格。

一般项目：

1. 组砖方法，上下错缝，内外塔砌，砖柱不用包心砌法。混水墙≤300mm的通缝，每间房不超过3处，且不得在同一墙体上，为合格。清水墙不得有通缝。

   注：上下二皮砖搭接长度小于25mm的为通缝。
2. 水平灰缝厚度10mm，量10皮砖砌体高度折算，按皮数杆10皮砖的高度计算。10皮砖在－8，＋12范围内为合格。
3. 基础顶面、墙面标高±15mm

   表面平整度混水墙8mm

   门窗洞口高宽度（后塞口）±5mm

   外墙上下窗口偏移20mm

   水平灰缝直度10mm

   各项目80%检测点应满足要求，其余20%点可超过允许值，但不得超过其值的150%，即为合格，否则，返工处理。

十二、小型空心砌块体工程检验批质量验收记录表

GB50203—2002

020402□□□

<table>
<tr><td colspan="3">单位(子单位)工程名称</td><td colspan="3"></td></tr>
<tr><td colspan="3">分部(子分部)工程名称</td><td colspan="2"></td><td>验收部分</td></tr>
<tr><td colspan="2">施工单位</td><td colspan="3"></td><td>项目经理</td></tr>
<tr><td colspan="3">施工执行标准名称及编号</td><td colspan="3"></td></tr>
<tr><td colspan="4">施工质量验收规范的规定</td><td>施工单位检查评定记录</td><td>监理(建设)单位验收记录</td></tr>
<tr><td rowspan="7">主控项目</td><td>1</td><td>小砌块强度等级</td><td>设计要求 MU</td><td></td><td></td></tr>
<tr><td>2</td><td>砂浆强度等级</td><td>设计要求 M</td><td></td><td></td></tr>
<tr><td>3</td><td>砌筑留槎</td><td>第 6.2.3 条</td><td></td><td></td></tr>
<tr><td>4</td><td>水平灰缝饱满度</td><td>≥90%</td><td></td><td></td></tr>
<tr><td>5</td><td>竖向灰缝饱满度</td><td>≥80%</td><td></td><td></td></tr>
<tr><td>6</td><td>轴线位移</td><td>≤10mm</td><td></td><td></td></tr>
<tr><td>7</td><td>垂直度(每层)</td><td>≤5mm</td><td></td><td></td></tr>
<tr><td rowspan="6">一般项目</td><td>1</td><td>水平灰缝厚度竖向宽度</td><td>8～12mm</td><td></td><td></td></tr>
<tr><td>2</td><td>基础顶面和楼面标高</td><td>±15mm</td><td></td><td></td></tr>
<tr><td>3</td><td>表面平整度</td><td>清水 5mm
混水 8mm</td><td></td><td></td></tr>
<tr><td>4</td><td>门窗洞口</td><td>±5mm</td><td></td><td></td></tr>
<tr><td>5</td><td>窗口偏移</td><td>20mm</td><td></td><td></td></tr>
<tr><td>6</td><td>水平灰缝平直度</td><td>10mm</td><td></td><td></td></tr>
<tr><td colspan="3" rowspan="2">施工单位检查评定结果</td><td>专业工长(施工员)</td><td></td><td>施工班组长</td></tr>
<tr><td colspan="3">项目专业质量检查员：　　年　月　日</td></tr>
<tr><td colspan="3">监理(建设)单位验收结论</td><td colspan="3">专业监理工程师：
(建设单位项目专业技术负责人)：　年　月　日</td></tr>
</table>

说　明

主控项目：

1. 小砌块强度等级按设计要求检查和验收，检查出厂合格证、试验报告、批量，符合设计要求为合格。
2. 砂浆强度等级符合设计要求，要有配合比报告，计量配制，在试块强度未出来之前，先将试块编号填写，出来后核对。并在分项工程中，按此进行评定，符合要求为合格。
3. 墙体转角处和纵横墙交接处应同时砌筑。临时间断处应砌成斜槎，斜槎水平投影长度不应小于高度的2/3。观察检查。
4. 水平灰缝的砂浆饱满度不低于90%，按净面积计算。用百格网检查，每批不少于3处，每处检测3块小砌块，取其平均值。
5. 竖向灰缝不低于80%，竖缝凹槽填满砂浆，不出现瞎缝或透缝。观察检查。
6. 轴线位移10mm，检查全部承重墙；不大于10mm；层高垂直度，选质量较差的抽查，不少于6处，不大于5mm。

一般项目：

1. 水平灰缝厚度和竖向灰缝宽度，宜为10mm，以8～12mm为限。每个检验批不少于3处，用尺量小砌块5皮高度的砌体，检查2mm砌体长度的竖向灰缝折算。
2. 基础顶面和楼面标高，±15mm，用水平仪检测。
3. 表面平整度，清水墙5mm，混水墙8mm，用2m靠尺及塞尺测量。
4. 门窗洞口高宽（后塞口）±5mm，尺量检查。
5. 窗口偏移20mm，吊线或经纬仪检查。
6. 水平灰缝平直度，拉10mm小线尺量检查。

各项目的80%点允许偏差达到要求，其余20%的可超过允许值，但不得超过其值的150%，即为合格，否则，返工处理。

十三、石砌体工程检验批质量验收记录表

GB50203—2002

020403□□□

<table>
<tr><td colspan="3">单位(子单位)工程名称</td><td colspan="4"></td></tr>
<tr><td colspan="3">分部(子分部)工程名称</td><td colspan="2"></td><td>验收部分</td><td></td></tr>
<tr><td colspan="2">施工单位</td><td colspan="3"></td><td>项目经理</td><td></td></tr>
<tr><td colspan="3">施工执行标准名称及编号</td><td colspan="4"></td></tr>
<tr><td colspan="4">施工质量验收规范的规定</td><td colspan="2">施工单位检查评定记录</td><td>监理(建设)单位验收记录</td></tr>
<tr><td rowspan="5">主控项目</td><td>1</td><td>石材强度等级</td><td>设计要求 MU</td><td colspan="2"></td><td></td></tr>
<tr><td>2</td><td>砂浆强度等级</td><td>设计要求 M</td><td colspan="2"></td><td></td></tr>
<tr><td>3</td><td>砂浆饱满度</td><td>≥80%</td><td colspan="2"></td><td></td></tr>
<tr><td>4</td><td>轴线位移</td><td>第 7.2.3 条</td><td colspan="2"></td><td></td></tr>
<tr><td>5</td><td>垂直度每层(高)</td><td>第 7.2.3 条</td><td colspan="2"></td><td></td></tr>
<tr><td rowspan="5">一般项目</td><td>1</td><td>顶面标高</td><td rowspan="4">第 7.3.1 条</td><td colspan="2"></td><td rowspan="5"></td></tr>
<tr><td>2</td><td>砌体厚度</td><td colspan="2"></td></tr>
<tr><td>3</td><td>表面平整度</td><td colspan="2"></td></tr>
<tr><td>4</td><td>灰缝平直度</td><td colspan="2"></td></tr>
<tr><td>5</td><td>组砌形式</td><td>第 7.3.2 条</td><td colspan="2"></td></tr>
<tr><td colspan="3" rowspan="2">施工单位检查评定结果</td><td>专业工长(施工员)</td><td></td><td>施工班组长</td><td></td></tr>
<tr><td colspan="4">项目专业质量检查员： 年 月 日</td></tr>
<tr><td colspan="3">监理(建设)单位验收结论</td><td colspan="4">专业监理工程师：
(建设单位项目专业技术负责人)： 年 月 日</td></tr>
</table>

说　明

主控项目：

1. 石材强度等级符合设计要求，检查石材试验报告。
2. 砂浆强度等级符合设计要求，有配合比报告，计量配制，在试块强度出来之前先将试件编号填写，试验报告出来后校对。
3. 砂浆饱满度不应小于 80%，观察检查。每步架不少于 1 处。
4. 石砌体的轴线位置及垂直度允许偏差应符合表 7.2.3 的规定。

石砌体的轴线位置及垂直度允许偏差　　表 7.2.3

<table>
<tr><th rowspan="4">项次</th><th rowspan="4" colspan="2">项目</th><th colspan="7">允许偏差（mm）</th><th rowspan="4">检验方法</th></tr>
<tr><th colspan="2">毛石砌体</th><th colspan="5">料石砌体</th></tr>
<tr><th rowspan="2">基础</th><th rowspan="2">墙</th><th colspan="2">毛料石</th><th colspan="2">粗料石</th><th>细料石</th></tr>
<tr><th>基础</th><th>墙</th><th>基础</th><th>墙</th><th>墙、柱</th></tr>
<tr><td>1</td><td colspan="2">轴线位置</td><td>20</td><td>15</td><td>20</td><td>15</td><td>15</td><td>10</td><td>10</td><td>用经纬仪和尺检查，或用其他测量仪器检查</td></tr>
<tr><td rowspan="2">2</td><td rowspan="2">墙面垂直度</td><td>每层</td><td></td><td>20</td><td></td><td>20</td><td></td><td>10</td><td>7</td><td rowspan="2">用经纬仪、吊线和尺检查或用其他测量仪器检查</td></tr>
<tr><td>全高</td><td></td><td>30</td><td></td><td>30</td><td></td><td>25</td><td>20</td></tr>
</table>

抽检数量：外墙，按楼层（或 4m 高以内）每 20m 抽查 1 处，每处 3 延米长，但不应少于 3 处；内墙，按有代表性的自然间抽查 10%，但不应少于 3 间，每间不应少于 2 处，柱子不应少于 5 根。

一般项目：

1. 石砌体的一般尺寸允许偏差应符合规定。其每项的 80% 点符合要求，其余 20% 点，可放宽到偏差值的 150%，但不应有超过 150% 点出现。

石砌体的一般尺寸允许偏差　　表 7.3.1

<table>
<tr><th rowspan="3">项次</th><th rowspan="3" colspan="2">项目</th><th colspan="7">允许偏差（mm）</th><th rowspan="3">检验方法</th></tr>
<tr><th colspan="2">毛石砌体</th><th colspan="5">料石砌体</th></tr>
<tr><th>基础</th><th>墙</th><th>基础</th><th>墙</th><th>基础</th><th>墙</th><th>墙、柱</th></tr>
<tr><td>1</td><td colspan="2">基础和墙砌体顶面标高</td><td>±25</td><td>±15</td><td>±25</td><td>±15</td><td>±15</td><td>±15</td><td>±10</td><td>用水准仪和尺检查</td></tr>
<tr><td>2</td><td colspan="2">砌体厚度</td><td>+30</td><td>+20
−10</td><td>+30</td><td>+20
−10</td><td>+15</td><td>+10
−5</td><td>+10
−5</td><td>用尺检查</td></tr>
<tr><td rowspan="2">3</td><td rowspan="2">表面平整度</td><td>清水墙、柱</td><td>—</td><td>20</td><td>—</td><td>20</td><td>—</td><td>10</td><td>5</td><td rowspan="2">细料石用 2m 靠尺和楔形塞尺检查，其他用两直尺垂直于灰缝拉 2m 线和尺检查</td></tr>
<tr><td>混水墙、柱</td><td>—</td><td>20</td><td>—</td><td>20</td><td>—</td><td>15</td><td>—</td></tr>
<tr><td>4</td><td colspan="2">清水墙水平灰缝平直度</td><td>—</td><td>—</td><td>—</td><td>—</td><td>—</td><td>10</td><td>5</td><td>拉 10m 线和尺检查</td></tr>
</table>

7.3.2　石砌体的组砌形式应符合下列规定：

1. 内外搭砌，上下错缝，拉结石、丁砌石交错设置；

2. 毛石墙拉结石每 0.7m² 墙面不应少于 1 块。

检查数量：外墙，按楼层（或 4m 高以内）第 20m 抽查 1 处，每处 3 延长米，但不应少于 3 处；内墙，按有代表性的自然间抽查 10%，但不应少于 3 间。观察检查。

十四、填充墙砌体工程检验批质量验收记录表

GB50203—2002

020404□□□

<table>
<tr><td colspan="3">单位(子单位)工程名称</td><td colspan="3"></td></tr>
<tr><td colspan="3">分部(子分部)工程名称</td><td></td><td>验收部分</td><td></td></tr>
<tr><td colspan="3">施工单位</td><td></td><td>项目经理</td><td></td></tr>
<tr><td colspan="3">施工执行标准名称及编号</td><td colspan="3"></td></tr>
<tr><td colspan="3">分包单位</td><td></td><td>分包项目经理</td><td></td></tr>
<tr><td colspan="4">施工质量验收规范的规定</td><td>施工单位检查评定记录</td><td>监理(建设)单位验收记录</td></tr>
<tr><td rowspan="2">主控项目</td><td>1</td><td>块材强度等级</td><td>设计要求 MU</td><td></td><td></td></tr>
<tr><td>2</td><td>砂浆强度等级</td><td>设计要求 M</td><td></td><td></td></tr>
<tr><td rowspan="12">一般项目</td><td>1</td><td>轴线位移</td><td>≤10mm</td><td></td><td></td></tr>
<tr><td rowspan="2">2</td><td rowspan="2">垂直度</td><td>≤3m,≤5mm</td><td></td><td></td></tr>
<tr><td><3mm,≤10mm</td><td></td><td></td></tr>
<tr><td>3</td><td>水平灰缝砂浆饱满度</td><td>≥80%</td><td></td><td></td></tr>
<tr><td>4</td><td>表面平整度</td><td>≤8mm</td><td></td><td></td></tr>
<tr><td>5</td><td>门窗洞口高宽度(后塞口)</td><td>±5mm</td><td></td><td></td></tr>
<tr><td>6</td><td>外墙上下窗口偏移</td><td>20mm</td><td></td><td></td></tr>
<tr><td>7</td><td>无混砌现象</td><td>第9.3.2条</td><td></td><td></td></tr>
<tr><td>8</td><td>拉结钢筋网片位置</td><td>第9.3.4条</td><td></td><td></td></tr>
<tr><td>9</td><td>错缝搭砌</td><td>第9.3.5条</td><td></td><td></td></tr>
<tr><td>10</td><td>灰缝厚度、宽度</td><td>第9.3.6条</td><td></td><td></td></tr>
<tr><td>11</td><td>梁底砌法</td><td>第9.3.7条</td><td></td><td></td></tr>
<tr><td colspan="3" rowspan="2">施工单位检查评定结果</td><td>专业工长(施工员)</td><td></td><td>施工班组长</td></tr>
<tr><td colspan="3">项目专业质量检查员：　　年　月　日</td></tr>
<tr><td colspan="3">监理(建设)单位验收结论</td><td colspan="3">专业监理工程师：
(建设单位项目专业技术负责人)：　　年　月　日</td></tr>
</table>

说　明

主控项目：

1．砖、砌块和砌筑砂浆的强度按设计要求检查和验收。检查产品合格证，按规定留置试块，在试块强度未出来之前，先将试块编号填写，出来后核对。

一般项目：

1．允许偏差项目。各项目的80%点允许偏差达到要求，其余20%的点可超过允许偏差值，但不得超过其值的150%，否则，返工处理。

2．蒸压加气混凝土砌块砌体和轻骨料混凝土小型空心砌块砌体不应与其他块材混砌。

3．填充墙砌体的砂浆饱满度，水平灰缝应≥80%；垂直灰缝、空心砖砌体不得有透缝；砌块也应≥80%。用百格网每步架不少于3处，每处3块砌块的平均值，垂直灰缝观察检查。

4．填充墙砌体留置的拉结钢筋或网片的位置应与块体皮数杆相符合。拉结钢筋或网片应置于灰缝中，埋置长度应符合设计要求，竖向位置偏差不应超过一皮砖高度。观察和用尺量检查。

5．填充墙砌筑时应错缝搭砌，蒸压加气混凝土砌块搭砌长度不应小于砌块长度的1/3；轻骨料混凝土小型空心砌块搭砌长度不应小于90mm；竖向通缝不应大于2皮。观察和用尺检查。

6．填充墙砌体的灰缝厚度和宽度应正确。空心砖、轻骨料混凝土小型空心砌块的砌体灰缝应为8～12mm。蒸压加气混凝土砌块砌体的水平灰缝厚度及竖向灰缝宽度分别宜为15mm和20mm。用尺量5皮空心砖或小砌块的高度和2m砌体长度折算。

7．填充墙砌至接近梁、板底时，应留一定空隙，待填充墙砌筑完并应至少间隔7d后，再将其补砌挤紧。观察检查。

十五、配筋砌体工程检验批质量验收记录表

GB50203—2002

020405□□□

单位(子单位)工程名称					
分部(子分部)工程名称				验收部分	
施工单位				项目经理	
施工执行标准名称及编号					
施工质量验收规范的规定				施工单位检查评定记录	监理(建设)单位验收记录
主控项目	1	钢筋品种规格数量	第 8.2.1 条		
	2	混凝土、砂浆强度	设计要求 C 设计要求 M		
	3	马牙槎及拉结筋	第 8.2.3 条		
	4	芯柱	第 8.2.5 条		
	5	柱中心线位置	≤10mm		
	6	柱层间错位	≤8mm		
	7	柱垂直度(每层)	≤10mm		
一般项目	1	水平灰缝钢筋	第 8.3.1 条		
	2	钢筋防腐	第 8.3.2 条		
	3	网状配筋及间距	第 8.3.3 条		
	4	组合砌体及拉结筋	第 8.3.4 条		
	5	砌块砌体钢筋搭接	第 8.3.5 条		
施工单位检查评定结果	专业工长(施工员) 项目专业质量检查员：　　年　月　日			施工班组长	
监理(建设)单位验收结论	专业监理工程师： (建设单位项目专业技术负责人)：　　年　月　日				

说　明

主控项目：

1. 钢筋的品种、规格和数量符合设计要求；检查钢筋合格证书，钢筋性能试验报告、隐蔽工程记录。
2. 构造柱、芯柱、组合砌体构件、配筋砌体剪力墙构件的混凝土或砂浆强度等级符合设计要求，检查混凝土、砂浆试块试验报告。
3. 构造柱与墙体的连接处应砌成马牙槎，马牙槎应先退后进，预留的拉结钢筋应位置正确，施工中不得任意弯折。观察检查。
4. 配筋混凝土小型宜心砌块砌体，芯柱混凝土应在装配式楼盖处贯通，不得削弱芯柱截面尺寸。观察检查。
5. 柱中心线位置、柱层间错位，用经纬仪和尺量检查；柱层高垂直度用2m托线板检查。

一般项目：

1. 设置在砌体水平灰缝内的钢筋，应居中置于灰缝中。水平灰缝厚度应大于钢筋直径4mm以上。砌体外露面砂浆保护层的厚度不应小于15mm。每检验批抽检3个构件，每个构件检查3处。观察检查，辅以尺量检测。
2. 设置在砌体灰缝内的钢筋在潮湿环境或有化学侵蚀介质环境中应有防腐措施。观察检查。合格标准：防腐涂料无漏刷(喷浸)，无起皮脱落现象。
3. 网状配筋砌体中，钢筋网及放置间距应符合设计规定。

   钢筋规格检查钢筋网成品，钢筋网放置间距局部剔缝观察，或用探针刺入灰缝内检查，或用钢筋位置测定仪测定。

   合格标准：钢筋网沿砌体高度位置超过设计规定一皮砖厚不得多于1处。
4. 组合砖砌体构件，竖向受力钢筋保护层应符合设计要求，距砖砌体表面距离不应小于5mm；拉结筋两端应设弯钩，拉结筋及箍筋的位置应正确。支模前观察与尺量检查。

   合格标准：钢筋保护层符合设计要求；拉结筋位置及弯钩设置80%及以上符合要求，箍筋间距超过规定者，每件不得多于2处，且每处不得超过一皮砖。
5. 配筋砌块砌体剪力墙中，采用搭接接头的受力钢筋搭接长度不应小于35d，且不应少于300mm。尺量检查。